*UN SAVANT, UNE ÉPOQUE*

Collection dirigée par Jean Dhombres

# DUHEM

## 1861-1916

## SCIENCE ET PROVIDENCE

par Paul Brouzeng

Préface d'Adolphe Pacault
Membre correspondant de l'Académie des sciences



BELIN

8, rue Férou, 75006 Paris

**En couverture :** Pierre Duhem. *(J.-L. Charmet.)*


ISBN 2-7011-0562-5

# TABLE DES MATIÈRES

# PRÉFACE

Pierre Duhem fut un défenseur de la continuité en sciences et toute son œuvre est une réfutation des thèses de ruptures, de catastrophes et de révolutions. Il hérita ce conservatisme presque dogmatique de l'environnement familial, religieux, social et politique de ses jeunes années et le maintint droit et tendu comme une flèche. Brillant élève de la rue d'Ulm, il écrit d'abord une thèse si vraie – elle dérange tellement les idées en cours et l'homme en place – que la soutenance lui est refusée. Professeur remarqué à la faculté des sciences de Lille dont la proximité de Paris tentait déjà à la fin du siècle dernier les normaliens pressés de revenir à la Sorbonne, il est nommé à Rennes à la suite d'une regrettable vexation institutionnelle, qu'un caractère différent du sien eût estompée. Au bout d'un an, l'Université de Bordeaux l'accueille ; il y finira sa carrière, croyant toujours y être de passage.

Veuf très tôt, il consacra sa vie à élever sa fille Hélène et à produire une œuvre considérable, à l'époque presque méconnue, dont l'importance commence seulement à frapper l'attention contemporaine internationale, ce que peut expliquer le renouveau de la physique macroscopique. Une œuvre écrite comme sa vie, d'une large envolée érudite, œuvre de physicien, de philosophe et d'historien.

Il était convaincu comme P. Tannery, P. Langevin, A. Kastler et bien d'autres, que la didactique ne peut pas se passer de l'histoire des sciences, idées qui, inlassablement répétées, finiront bien par germer. Cette préface, courte et volontairement sybilline, invite le lecteur à découvrir ce livre que Paul Brouzeng a consacré à Pierre Duhem dans la collection **Un savant, une époque** dont l'objectif est de ne pas dissocier l'homme de son œuvre et de son histoire.

Nul mieux que Paul Brouzeng, auteur d'une thèse magistrale sur Pierre Duhem, ne pouvait tenter cette globalisation.

A. PACAULT

# INTRODUCTION

Le 14 septembre 1916, Pierre Duhem, professeur de physique théorique à la faculté des sciences de Bordeaux, membre non résident de l'Académie des sciences, meurt d'une angine de poitrine. Il est âgé de 55 ans. Il laisse derrière lui une œuvre considérable de physicien, d'historien des théories de la physique et de philosophe des sciences.

Étrange destin, ultime tragédie, Pierre Duhem disparaît prématurément à un moment où, semble-t-il, la communauté scientifique se prépare à reconnaître nombre d'aspects originaux d'une œuvre très controversée.

En s'engageant dans les affrontements de tous ordres, scientifiques, philosophiques, religieux, en prenant part, à la fin du XIX^e^ siècle et au début du XX^e^, avec conviction et fermeté, aux vifs débats politiques qui ont secoué la France, Pierre Duhem a conforté l'image peu flatteuse que ses adversaires s'attachaient à donner de sa personnalité, celle d'un homme autoritaire, intolérant, aussi bien que les jugements élogieux de ceux qui partageaient ses idées. Le poids insuffisant de ces derniers, dans la communauté scientifique, et, assurément, l'excès de leurs propos dans la louange, ont plutôt contribué à l'oubli dans lequel est tombée une part importante de l'œuvre de Duhem, en particulier son œuvre scientifique. On ne peut que regretter aujourd'hui l'incapacité de ses plus proches collaborateurs ou amis à valoriser et à diffuser les travaux de ce grand scientifique. Il faudra attendre 1932 pour qu'un premier ouvrage consacré à l'œuvre de Duhem soit publié en France par Pierre Humbert, professeur à la Faculté des sciences de Montpellier. Il est vrai que l'œuvre scientifique de Duhem s'inscrit en marge des préoccupations principales de la communauté scientifique. En marge, parce que Duhem refuse de se laisser enfermer dans les querelles d'écoles nées des récentes découvertes sur la constitution de la matière. Pour Pierre Duhem les grands débats qui agitent la communauté scientifique ne constituent qu'une péripétie d'un éternel affrontement entre ceux qui, d'un côté, s'acharnent à vouloir déterminer les causes premières des phénomènes et ceux qui, de l'autre, s'attachent à rechercher les lois et non les causes qui donnent à l'expérience un caractère mythique.

En attribuant à la physique un objectif précis, et limité, celui de classer et de représenter un ensemble de lois déduites de l'expérience dans le cadre d'une théorie constituée d'un système de propositions logiquement enchaînées et non d'une suite incohérente de modèles mécaniques ou algébriques, Duhem renvoie dos à dos atomistes et newtoniens et refuse l'idée d'une crise de la physique. En ce sens, sa démarche s'apparente quelque peu à celle d'Ostwald* [1], héraut de l'énergétique, pour lequel l'ensemble des phénomènes peuvent être appréhendés comme la manifestation concrète d'un grand principe qui régit l'organisation du monde physique, l'Énergie.

Mais l'approche de Duhem ne se confond pas avec elle d'Ostwald. Au chimiste allemand, Duhem reproche, sans toujours l'affirmer clairement, une tendance à faire de l'énergie l'explication des choses et à étendre son propos à des domaines qui ne relèvent pas de la science. Pour Duhem, seule la méthode énergétique, et non l'énergie, présente un caractère de commodité, d'utilité, de simplification et de pertinence. Nombre d'éditeurs français ont boudé les travaux de Duhem. C'est pourquoi certains d'entre eux, notamment au début de la carrière de Duhem (entre 1886 et 1900), ont été imprimés hors de France, en Belgique par exemple.

Précisons enfin que certains manuscrits achevés, que Duhem était prêt à remettre à son éditeur au moment de sa mort, ont été retrouvés dans les combles de sa maison de Cabrespine plus de soixante ans plus tard. C'est le cas des « Leçons sur les théories de la capillarité » qui auraient mérité, en raison de leur grand intérêt scientifique, un meilleur sort.

Certains dossiers emballés à Bordeaux, après la mort de Duhem, dans l'appartement qu'il occupait depuis 1896, rue de la Teste, rebaptisée depuis rue Pierre Duhem, et transportés à Cabrespine (petit village du Minervois, au pied de la Montagne Noire où Duhem possédait une maison de maître « l'Oustal des Alègres »), n'ont jamais été ouverts avant la fin des années 50. C'est à cette époque en effet que des scientifiques et historiens des sciences, américains pour la plupart, commencent à s'intéresser à l'œuvre de Duhem. La quête n'est peut-être pas terminée. Bien des documents ont été remis récemment à l'Académie des sciences (1981). Le fonds Duhem ainsi constitué, ajouté aux travaux déjà connus et publiés, contribue à réhabiliter une œuvre trop longtemps confinée ou méconnue. La consultation et l'étude de ces documents prouvent que l'histoire d'un Duhem génial, victime de la médiocrité et de la méchanceté de quelques adversaires jaloux, n'est pas plus exacte que celle du scientifique constamment dans l'erreur, promoteur de recherches et de travaux inutiles et vains. Il y a trop de raisons extérieures à la science, à l'origine de ces interprétations, pour donner foi à de tels jugements. L'âpreté des affrontements n'était pas seulement la manifestation de divergences sur la conception de la physique. Elle prenait également son origine dans les événements qui ont secoué la société et l'opinion françaises de l'époque, au point de les diviser en deux camps antagonistes. Dans les années 1870-1880, ce sont les fondements de l'organisation de la société française qui sont en débat... Près d'un siècle après la Révolution, l'alternative République/Monarchie n'est pas encore levée. Le choix irréversible en faveur de la République – conservatrice – date de l'adoption

1. Les personnes dont le nom est suivi d'un astérisque font l'objet d'une notice biographique en annexe.

le 30 janvier 1875 du fameux amendement Wallon voté à une voix de majorité, et les affrontements sur cette question dureront jusqu'à la fin de la III^e^ République.

Autre clivage profond à propos de l'organisation de l'enseignement : la promulgation des premières lois qui remettent en cause la toute-puissance de l'Église dans ce domaine datent des années 1880. La question scolaire entraîne de violentes oppositions dans lesquelles toutes les composantes politiques vont prendre parti. La politique de conquête coloniale, elle-même, favorise la cristallisation de positions inconciliables qui ne recoupent d'ailleurs pas nécessairement les autres clivages politiques. Par exemple, à l'époque, l'extrême droite monarchiste est hostile à cette politique et ce sont des républicains libéraux qui organisent les expéditions et construisent l'empire colonial. L'émergence, parfois violente, des conflits sociaux, la naissance et la structuration des organisations ouvrières (création des premières Internationales), la prise de pouvoir éphémère mais profondément marquante de la Commune en 1871 annoncent l'histoire et les grandes fractures du XX^e^ siècle.

Enfin, l'Affaire Dreyfus* (1896-1904) affecte, mobilise et divise la nation en deux composantes irréconciliables. L'Affaire favorise l'affirmation des deux grands courants (la droite et la gauche) dans lesquels, bien au-delà des appartenances politiques ou religieuses, se reconnaissent et s'expriment encore les sensibilités profondes de nos compatriotes, au risque, parfois, d'un affadissement du contenu concret des engagements. Par rapport à chacun de ces événements, Duhem a clairement pris parti, et souvent un parti opposé à celui défendu par ses adversaires scientifiques. C'est pourquoi, la connaissance des événements marquants de la vie de Duhem fournit quelques-unes des clefs, assurément pas toutes. Elle donne certains éléments de cohérence à la vie et aux travaux de Duhem, philosophe des sciences, historien des théories de la physique, scientifique, mais aussi homme et citoyen.

CHAPITRE I

# Jeunesse

## *Un milieu conservateur*

Pierre Duhem naît le 9 juin 1861 à Paris. Son père, Pierre-Joseph Duhem, est originaire du Nord de la France ; il est commerçant, représentant ou associé des grandes maisons de l'industrie textile, a vécu dans un milieu relativement aisé, et a été élevé chez les pères jésuites à Brugelettes. La mort prématurée de son père devait provoquer l'arrêt de ses études. Il épousera Marie Fabre d'origine languedocienne dont la mère, née Hubault-Delorme, avait épousé François Fabre, né à Cabrespine. Les Hubault-Delorme, avec lesquels Pierre Duhem restera très lié, étaient des bourgeois parisiens, serviteurs zélés de la monarchie. On retrouvera chez Pierre Duhem cet attachement indéfectible à la religion et à la monarchie de la moyenne bourgeoisie conservatrice sur laquelle s'appuient et s'appuieront, dans les années 1877-1880 notamment, les partisans de l'« ordre moral », un ordre renvoyant en fait à une société dominée par les principes religieux. C'est dans le culte d'une tradition conservatrice et catholique intransigeante que sera élevé Pierre Duhem. Dans les affrontements entre la France républicaine et libérale, qui a pour idéal la société sécularisée issue de la Révolution française et la libre-pensée, et celle pour qui l'Évangile est le principe directeur des sociétés et Dieu le maître de l'histoire, Duhem prendra constamment le parti de l'Église et de la tradition. La vie de Pierre Duhem (1861-1916) recouvre une période profondément marquée par des événements politiques qui ont accentué les oppositions entre les différentes composantes de la société française : la fin du Second Empire, la guerre de 1870, l'insurrection et l'écrasement de la Commune en 1871 – le jeune Duhem avait à peine 10 ans – la défaite des monarchistes et la naissance de la III^e^ République (1871-1873), les lois laïques (1881-1882-1886), l'Affaire Dreyfus (1894-1906), la loi de séparation de l'Église et de l'État et les décrets contre les écoles congréganistes (1902, 1903, 1904), seront autant d'occasions d'exaspérer les passions et d'approfondir les clivages entre les forces politiques et sociales.

C'est à Paris, 42 rue des Jeûneurs, que Pierre Duhem passe les premières années de sa vie ; enfant docile et obéissant, il partage avec ses sœurs, Antoinette et Marie, jumelles nées trois ans après lui, les plaisirs simples et tranquilles d'une famille aisée. A Ville-d'Avray, il rencontre la nature, au cours des vacances d'été, découverte passionnante qui a profondément marqué le jeune citadin. Sans doute faut-il chercher là le goût que Pierre Duhem manifestera toute sa vie à l'égard des arbres, des animaux, des roches et des plantes. Les merveilleuses collections d'insectes, de minéraux, de fleurs retrouvées à Cabrespine témoignent de cette véritable passion pour les sciences naturelles et d'un désir de comprendre l'organisation des choses, qui, à partir de l'observation, prépare déjà la démarche scientifique. Au collège Stanislas, il obtiendra régulièrement le premier prix d'histoire naturelle ainsi qu'un second accessit dans la même discipline en 1876 au Concours général des lycées de Paris et Versailles. Son camarade, Jean de la Laurencie, raconte ainsi cette première passion scientifique :

> « En vacances, nous nous retrouvâmes dans les Vosges. Me devinant ami des plantes, il me proposa d'herboriser. Nous optâmes pour le royaume des fougères et des sphaignes dont il connaissait par cœur les hôtes et les mœurs. Un jour, on le vit transporter dans sa chambre un droséra, voulant, disait-il, surveiller la capture des moucherons et le travail de digestion accompli par les petites feuilles carnivores. Toutefois, son jardin de prédilection, son jardin enchanté, c'était chez lui, rue des Jeûneurs à Paris, qu'il le cultivait, dans deux ou trois soucoupes contenant des jus de fruits. Au microscope, il suivait la prolifération des moisissures, en devinant au fur et à mesure toutes les phases, avec une précision et une virtuosité remarquables ».

Plus tard, l'adulte confiera à sa famille et à son entourage les bonheurs rencontrés au contact des immensités de l'océan, sur la côte bretonne ou sur les plages flamandes, près des plus hauts sommets des Pyrénées, ou encore dans la Montagne Noire qu'il découvrait lors de longues excursions à partir de Cabrespine pendant les vacances. Cet amour de la nature le réconciliait avec le monde. Des hommes, il craignait les disputes et tout ce qui les conduisait à l'erreur. Car, tout jeune, déjà, Duhem fut confronté aux affrontements les plus violents, les plus cruels.

Le jeune Duhem a neuf ans lorsqu'éclate la guerre contre les Prussiens. Depuis deux ans, il fréquente le cours de Mesdemoiselles Arnoul et la manière dont il décrit la prise de Châteaudun par les Prussiens un jour d'octobre 1870, un récit consigné dans un carnet de notes personnelles, témoigne de la qualité des enseignements reçus dans cet établissement. La guerre de 1870 conduit la famille Duhem (les deux parents, trois enfants : Pierre âgé de neuf ans, Antoinette et Marie, jumelles âgées de six ans), de Paris à Bordeaux, à travers des péripéties dramatiques. Un cousin de la famille, de la Fuye, procureur impérial de la ville, héberge les Duhem à Châteaudun, au moment où les Prussiens s'emparent de la ville. Les Duhem quittent Châteaudun le matin du 19 octobre 1870 et arrivent à Bordeaux le 21. Ils y restent quelques mois, le temps que le siège de Paris soit levé. Le 20 février 1871, le jour où s'installe le gouvernement de la Commune, les Duhem rejoignent Paris. Pour eux, cette insurrection signifie le triomphe de l'anarchie et de l'irréligion. On imagine le soulagement avec lequel ils assistent à l'écrasement de la Commune, le 28 mai 1871. Marie, la sœur de Pierre, témoignait, quelques années plus tard, de la manière dont la famille vécut ces événements :

> « Avec mars s'ouvrit la seconde phase de départs et de craintes : la Commune. Pierre qui, cette fois, restait en plein Paris, allait tout entendre et tout voir. Peu d'enfants assistèrent d'aussi près à la guerre civile. Son père se prêtait volontiers à satisfaire sa curiosité, malgré le danger, par des promenades sur les boulevards déserts, devenus la propriété de hordes bruyantes allant, le drapeau rouge déployé, faire des manifestations de la Bastille à la Madeleine, de l'Archevêché à la place Vendôme, des résidences des Pères jésuites à Mazas, portant partout, avec l'insulte, le fer et le feu. A Notre-Dame-des-Victoires, il fut mené à constater la fureur des communards qui avaient habillé la Sainte-Vierge en cantinière, puis déterré les corps des religieux de l'ancien couvent des Petits-Pères, pour les profaner.
>
> Le 25 mars, il n'y avait plus que barricades, canons, foule armée dans la cité... Les femmes elles-mêmes, les pétroleuses avinées, tiraient sur les rares passants dans les rues ; des défilés de francs-maçons affublés de leurs insignes les escortaient. Ce fut le moment où la colonne Vendôme tomba, en ébranlant la ville. Pierre obtint d'être conduit, le soir de cette nouvelle catastrophe, sur les décombres de la place Vendôme ; il rapporta un petit morceau de cette colonne, à adjoindre à sa collection de projectiles, ramassés dans la cour de sa maison : précieux souvenirs conservés longtemps avec d'autres plus intimes. Pierre fut l'un des six intrépides qui, bravant le danger des rues, retournèrent au catéchisme de Saint-Roch pour ne rien perdre des instructions religieuses et afin de s'assurer de la vie du clergé resté fidèle à son poste. Il reçut du cher et aimable curé (M. l'abbé Millaud), une médaille.

En haut : **La Commune de Paris** a été proclamée le 28 mars 1871 et l'attaque versaillaise a commencé le 2 avril.
Au centre : **Le 24 mai 1871,** les communards fusillent les otages qu'ils détiennent depuis quelques semaines, dont l'archevêque de Paris, le premier président de la Cour de cassation et le curé de la Madeleine.
En bas : **L'état-major communard** de la place Vendôme : au centre, le major Simon Mayer qui sera fusillé après la chute de la Commune, le 28 mai 1871.

Ce zélé pasteur fut poursuivi, dès le lendemain, dans son appartement, par d'infâmes citoyens : il ne dut son salut qu'à son extrême agilité, en fuyant par une porte détournée. Il le redira plus tard, au catéchisme, avec ce charme de conteur d'histoire, tant aimé de ses petits auditeurs.

Les Tuileries brûlèrent pendant des jours et des jours ; la Sainte-Chapelle entourée des flammes qui incendièrent le Palais de Justice, sans la toucher, parut un miracle palpable de la bonté visible de Dieu, en faveur de cette France alors si coupable... Tout fut pour Pierre matière à réflexion ».

## *De Stanislas à l'École Normale*

De 1872 à 1882, Pierre Duhem est collégien à Stanislas, établissement qui alliait, selon sa mère, « les avantages universitaires à la parfaite éducation ». Tout, dans cette expérience, conforte Pierre Duhem dans les choix, les orientations et les engagements auxquels sa famille l'a préparé. Le directeur de Stanislas est l'abbé de Lagarde qui restera sa grande conscience. Au collège, Pierre Duhem se lie d'amitié avec nombre de jeunes gens de milieux sans doute plus aisés dont les idées vont fortement influencer le jeune et brillant collégien. Joseph Récamier, Guy de Sainte Gertrude, Jean de Guébriant, puis Charles Bioche, Léon Vivet, Jean et Lionel de la Laurencie, issus de l'ancienne noblesse ou de la grande bourgeoisie, allaient faire partie, avec Duhem, de cette catégorie d'« intellectuels » porteurs d'idéaux propres et de valeurs aristocratiques liés au monde ultra-conservateur et catholique intransigeant. Parmi eux, d'aucuns choisiront de devenir prêtres ou missionnaires, d'autres opteront pour des professions libérales, Duhem seul fera carrière dans l'Université française. On peut légitimement s'étonner de ce choix puisque l'Université s'affirmait à l'époque comme un bastion républicain. Joseph Récamier, par exemple, deviendra médecin, Léon Vivet présidera aux destinées de l'Association technique maritime, Jean de Guébriant mourra Supérieur des Missions étrangères. La plupart vont s'engager dans les querelles qui vont agiter la France dans les premières années de la III^e^ République, en faveur de l'ordre et de la religion, contre la République.

A Stanislas, Duhem est un excellent élève. Il le doit aussi à des enseignants remarquables et ne manquera jamais de manifester aux plus brillants d'entre eux une grande reconnaissance. De nombreux ouvrages scientifiques, publiés par Duhem ultérieurement, font état des leçons reçues de Jules Moutier*, professeur à Stanislas (qui ouvrit l'esprit du futur normalien aux théories de la physique et aux méthodes de la thermodynamique), et de la qualité des enseignements dispensés par Feugère, son professeur de rhétorique, Cons, professeur d'histoire, et Vazeilles, professeur de mathématiques. Son ami, Jean de la Laurencie, qui a connu Duhem sur les bancs de Stanislas, le décrit comme le « plus gai des compagnons » :

> « Indomptable quant aux principes, de jugement probe et sûr, il était ouvert à tous les enthousiasmes. D'ores et déjà apparaissait à tous les yeux sa haute intelligence riche de promesses. Au cours de physique de Monsieur Moutier, qui se déroulait dans une atmosphère houleuse encouragée par le maître lui-même, dès que Duhem était appelé « à la planche », l'amphithéâtre se faisait muet ; on ne voulait rien perdre de son exposé. Au cours d'analyse professé par Monsieur Bielher, tout le monde savait que les notes prises et les figures dessinées par l'élève Duhem battaient le record. De la même plume, il avait trouvé moyen de « croquer » son professeur avec son visage tout rond d'une incroyable placidité avec ses lunettes, son petit bonnet grec et sa redingote d'un autre âge. Portrait d'une ressemblance criante pour lequel il lui avait suffi de tracer une courbe, aussi nette qu'un profil d'épure.
>
> [...] Il me souvient de certaine visite au musée du Luxembourg. Duhem tombant en arrêt devant un groupe de Frémiet ; et aussitôt, une lueur de malice illuminant son regard. C'était le satyre étendu, frétillant, qui distribue un gâteau de miel à deux oursons. A peine rentré, Duhem apportait son dessin : le satyre plaisamment métamorphosé en Monsieur Bielher, les deux oursons en Messieurs Moutier et Maleyx. Caricaturiste, il savait choisir et placer les accents essentiels. Mais il savait aussi traduire la poésie d'un sous-bois, avec quelques touches d'encre de Chine. Un artiste né ! »

Au collège Stanislas, le jeune Duhem laissera le souvenir d'un élève sociable. Ses amis, Jean et Lionel de la Laurencie, admiratifs, rapportent qu'« à des dons multiples, Duhem joignait les dons du cœur », et rappellent dans leurs souvenirs personnels que le jeune prodige ne se faisait jamais prier pour venir à la rescousse d'un camarade embarrassé par une démonstration : « Une belle figure géométrique tracée en vitesse, deux mots d'explication et voici la solution "élégante" indiquée, les ténèbres dissipées ». Ces ténèbres, ajoutent-ils dans leur témoignage, contre lesquelles Duhem se battit toute sa vie, de toutes manières et dont il devait écrire un jour :

**Duhem,** élève du collège Stanislas en 1877.

« On a revendiqué le droit de parler obscurément des choses obscures. Non, mille fois non ! On n'a pas le droit de parler d'une chose obscure si ce n'est pour l'éclairer. Si votre verbiage ne doit avoir pour effet que de l'embrouiller encore, taisez-vous ! »

L'élève Duhem s'était fixé dès les premières années un objectif – entrer à l'École Normale Supérieure – et il le poursuivait avec une rare détermination. « Duhem Pierre, élève du collège Stanislas, candidat à l'École Normale seulement. Vocation dès longtemps décidée, n'a jamais varié. Tient le premier rang dans la classe pour les sciences naturelles. Caractère bon, docile, excellent esprit, jugement sain ». Ainsi le jugent les autorités du collège Stanislas dans le rapport transmis aux services de l'École Normale Supérieure en 1882, lors du dépôt du dossier de candidature.

C'est en 1881 que Pierre Duhem aurait dû entrer à l'École Normale Supérieure. Malheureusement, de graves ennuis de santé l'empêchent de se présenter au concours cette année-là. Ce n'est pas la première fois que la scolarité du jeune collégien se trouve perturbée par des crises de rhumatisme articulaire aigu. Le candidat

**Duhem** jeune homme (autoportrait).

fait d'ailleurs, lui-même, état de ces problèmes dans le *curriculum vitae* exigé dans le dossier de candidature à l'École Normale Supérieure.

L'écrit du concours d'entrée à l'École Normale Supérieure, section sciences, de 1882, est fixé aux 26, 27, 28 et 29 juin. Il se compose de quatre épreuves : mathématiques, physique, dissertation et version latine. Pierre Duhem se retrouve quatrième après avoir obtenu : 16,75 en mathématiques, 18 en physique, 14 en dissertation, 14 en version latine. A l'oral, il rattrape son retard sur Toqué, Mercier et Huard, en obtenant les notes de 17,5 en mathématiques, 17 en physique et 17 en chimie. Pierre Duhem termine le concours en tête des vingt candidats définitivement admis dans la section sciences dont on trouvera en annexe la liste telle qu'elle est conservée dans les archives de l'École. Gernez*, maître de conférences de chimie à l'École Normale Supérieure, examinateur, adressa à la fin du concours la note suivante à Jean-Baptiste Dumas*, secrétaire perpétuel de l'Académie des sciences qui souhaitait s'informer :

> « Je suis heureux de vous annoncer qu'à la suite du concours d'admission à l'École Normale Supérieure, M. Duhem s'est trouvé le premier de la liste avec une supériorité marquée sur ses concurrents. Le jeune homme me paraît digne à tous égards de l'intérêt que vous voulez bien lui témoigner et j'estime qu'il fera honneur à l'École Normale. »

Parmi les professeurs les plus éminents, il faut citer Jules Tannery*, Paul Appell* et Émile Picard* en mathématiques, Henri Debray* et Désiré Gernez en chimie, Émile Bertin en physique. On trouvera en annexe la liste complète de ceux qui enseignaient en 1882 à l'École.

Le lendemain de la proclamation des résultats au concours d'entrée à l'École, le jeune « cacique » écrivit à son ami de Stanislas, Jean de la Laurencie – avec lequel il correspondra régulièrement toute sa vie durant – pour lui annoncer son succès :

> Mercredi matin.
>
> Mon cher ami,
>
> C'est à ne pas le croire, mais enfin il n'y a pas moyen d'en douter. Depuis hier soir, je suis cacique, c'est-à-dire que j'ai reçu le premier rang dans cette tribu de Peaux Rouges, de Sauvages, d'Anthropophages qui va s'engouffrer dans le sanctuaire trois fois saint de l'École Normale au mois de novembre prochain. Lorsque je cherche la part qui me revient dans ce succès, je suis

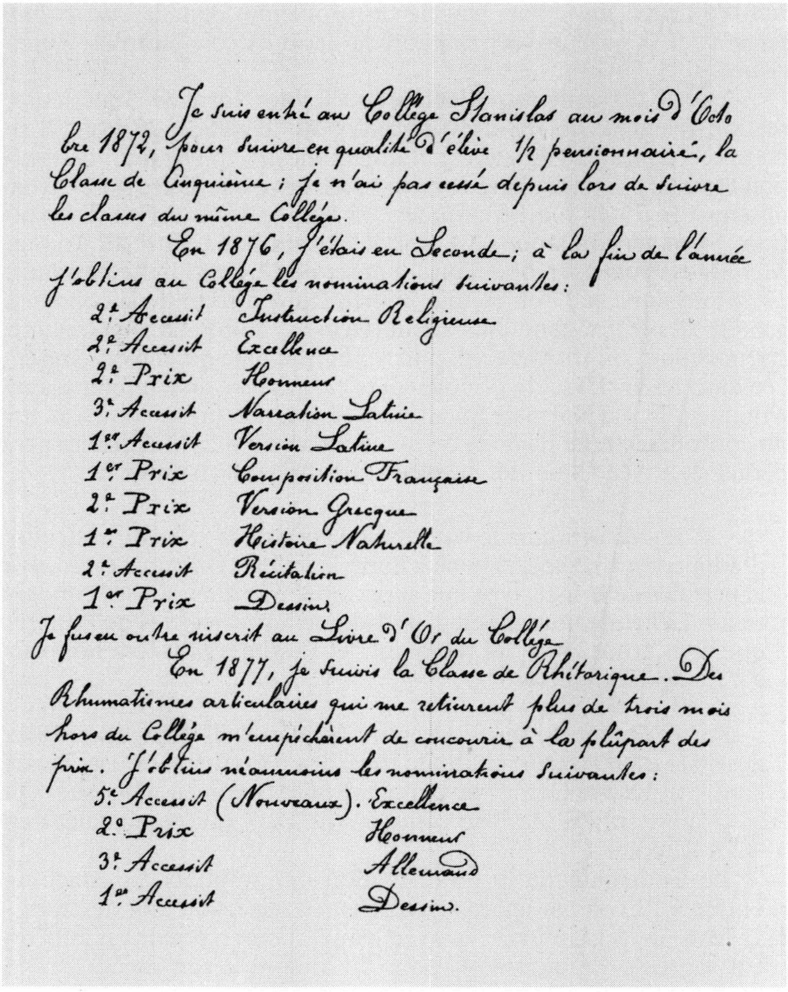

Je suis entré au Collège Stanislas au mois d'Octobre 1872, pour suivre en qualité d'élève 1/2 pensionnaire, la Classe de Cinquième ; je n'ai pas cessé depuis lors de suivre les classes du même Collège.

En 1876, j'étais en Seconde ; à la fin de l'année j'obtins au Collège les nominations suivantes :

| | |
|---|---|
| 2e Accessit | Instruction Religieuse |
| 2e Accessit | Excellence |
| 2e Prix | Honneur |
| 3e Accessit | Narration Latine |
| 1er Accessit | Version Latine |
| 1er Prix | Composition Française |
| 2e Prix | Version Grecque |
| 1er Prix | Histoire Naturelle |
| 2e Accessit | Récitation |
| 1er Prix | Dessin. |

Je fus en outre inscrit au Livre d'Or du Collège.

En 1877, je suivis la Classe de Rhétorique. Des Rhumatismes articulaires qui me retinrent plus de trois mois hors du Collège m'empêchèrent de concourir à la plûpart des prix. J'obtins néanmoins les nominations suivantes :

| | |
|---|---|
| 5e Accessit (Nouveaux). | Excellence |
| 2e Prix | Honneur |
| 3e Accessit | Allemand |
| 1er Accessit | Dessin. |

**Première page du curriculum vitae** rédigé par Duhem
pour son dossier de candidature à l'École Normale Supérieure.

étonné de son exiguité. Je vois bien ce qu'ont fait les recommandations de M. X ou de M. Y, je vois surtout ce qu'on fait des recommandations de M. Moutier qui, comme toujours, s'est mis en dix pour moi ; mais mes examens ! Dieu vous préserve d'en passer jamais d'aussi ternes et d'aussi médiocres ! Il n'y a eu qu'une séance amusante ; c'est l'examen de physique, où, pendant une heure vingt minutes, Monsieur Bertin a essayé de démontrer à votre serviteur qu'il n'avait jamais vu de masse et qu'il ne savait pas ce que c'était, et où votre serviteur demeurait bien convaincu que ses sens ne le trompaient pas, et que c'était bien une masse (une rude masse, encore) qui était là, devant lui, accoudée sur le tapis vert. L'examen de chimie a consisté en une aimable conversation de dix minutes *« de omni re scibili et de quibusdam aliis »* avec M. D. Gernez, homme connu pour ses petites cloches à ébullition.

Je suis très honoré que vous vouliez bien me communiquer vos découvertes géologiques ; je suis malheureusement sur ce point d'une nullité effrayante ; mais j'espère que votre exemple me forcera à sortir de mon ignorance.

Le collège est dévasté. Deux ou trois taupins seulement y étaient encore ces derniers jours. Parmi les catastrophes que nous avons à déplorer se trouve l'échec de Léon Vivet, qui avait passé assez bien ses examens, et qui a cependant des notes très faibles. Marie *(monstrum horrendum, informe, ingens)* a dormi pendant son examen et est persuadé que Vivet a mal passé. Le diable étrangle ce damné Marie !

Rappelez-moi au bon souvenir de vos parents et présentez-leur mes respects. Mes amitiés à Lionel ; pour vous une affectueuse poignée de main.

Pierre Duhem.

## *Amitiés et politique*

En 1882, le jeune prodige de Stanislas entre donc à l'École Normale Supérieure. L'École tout simplement, comme chaque normalien la nomme, est dirigée par Fustel de Coulanges* pour une année encore. Georges Perrot prendra sa succession pour un « règne » exceptionnellement long à ce poste puisqu'il ne quittera ses fonctions qu'en 1904. Créée par la Convention (an III de la République) par décret du 30 octobre 1794, sur recommandation du Comité d'instruction publique animé par l'ariégeois Joseph

Lakanal* dans le but d'apprendre à l'élite de la nation l'« art d'enseigner » et d'approvisionner l'État en professeurs de qualité, l'École a constamment été associée à la vie du pays, malgré deux périodes pendant lesquelles elle fut dissoute. Cultivant la liberté de pensée, évitant l'esprit de caste ou de secte, les normaliens pratiquaient entre eux une tolérance qui n'excluait pas la vivacité des controverses. L'attachement à la République y était cependant très ancien et majoritaire. Ainsi, en 1877, un mannequin représentant Mac-Mahon* considéré, à juste titre, comme le partisan et l'artisan d'un retour de la monarchie, fut brûlé solennellement. En même temps, l'École découvrait le socialisme. Jean Jaurès*, entré en 1878 dans la section lettres, puis Lucien Herr*, entré en 1883, contribuent à la promotion des idées révolutionnaires et sont accusés de fanatisme par les catholiques les plus intransigeants dans l'École et hors de l'École. De manière générale, les débats entre normaliens reflétaient de manière accentuée, et parfois féroce dans les écrits, ceux de la société. Ainsi, lors du grand mouvement de ferveur patriotique qui suivit l'effondrement de 1870, les normaliens demandèrent, dans une pétition adressée à l'Assemblée nationale, de n'être en aucun cas dispensés de service militaire.

**L'École Normale Supérieure :** réunion d'élèves dans la salle des Actes.

A partir de 1875, les dispositions sur l'enseignement entraînent des prises de position parfois divergentes chez les normaliens et leurs professeurs. Les professeurs de l'École ne furent pas absents de ces débats, certains d'entre eux manifestant de manière parfois originale leurs sympathies. Le philosophe Ollé-Laprune* – surnommé « la prune au lait » – se permettait, en cours, de déclamer :

J'entendis un ange
Qui me disait change
L'École en couvent...

Ce qui n'était pas du goût de tous les normaliens. L'École se nourrit de ce mélange d'intelligence, de véritable piété intellectuelle et parfois de dérision, conçue comme une forme de tolérance lorsqu'un bon mot met fin aux affrontements les plus vigoureux.

En entrant à l'École, Duhem rencontre assurément un monde moins homogène que celui qu'il vient de quitter, mais il découvre en même temps les richesses de la diversité. Émile Picard confirmera plus tard que ces années (1882-1887) passées à la rue d'Ulm furent les plus heureuses de sa vie. Il semble en effet que ses ennuis

de santé aient provisoirement disparu. Il est absent en 1883, du 14 février au 3 mars, « autorisé à passer quinze jours dans sa famille ». Le 28 avril de la même année, il est « autorisé à découcher pour raisons de santé », mais revient le lendemain. Il sera de nouveau absent du lundi 9 au mercredi 11 juillet. C'est bien peu pour un jeune homme que l'on dit de santé fragile. Quant à la longue absence du 3 mars 1885 au 10 avril 1885, elle correspond à une décision prise par les pouvoirs publics de fermer l'École « en raison des symptômes d'une épidémie de fièvre typhoïde dans la capitale ». Il semble donc que les maux dont souffrit l'enfant, puis le collégien de Stanislas, se soient dissipés, ou calmés pour le moins, et que le normalien ait pu travailler sereinement au cours de ces cinq années.

Cette période de la vie de Duhem à l'École Normale Supérieure est marquée par des rencontres importantes et des événements déterminants. Jusque là, la famille puis le collège l'avaient protégé et avaient retardé le contact avec un monde qui ne correspondait pas aux exigences et aux principes stricts d'une éducation plus orientée vers les certitudes que vers les interrogations. La rencontre de ce monde devait être rude car, au cours de ces années 80, les affrontements étaient continuels entre monarchistes et républicains. Il faudra attendre 1884 pour que la Constitution de 1875 soit révisée et consacre le refus du retour à toute monarchie, voire à toute aventure bonapartiste. La toute jeune « Troisième République » procède alors à des aménagements, prend des décisions destinées à installer la France dans le républicanisme conservateur, tel que le prônait Adolphe Thiers*. Après la mort de ce dernier (3 septembre 1877), sont votées et promulguées les lois qui fondent les écoles de la République. En 1879, ce sont les lois sur l'enseignement supérieur (Jules Ferry*) et sur la création des Écoles normales de jeunes filles (Paul Bert*). En 1881, le 16 juin, est promulguée la loi sur la gratuité de l'enseignement primaire ; en 1882, le 28 mars, celle rendant l'enseignement primaire obligatoire. En 1886, la loi du 30 octobre instaure la laïcisation des maîtres des écoles publiques.

Ces lois annoncent les décrets pris contre les écoles congréganistes par le ministère Combes* en 1902, 1903, 1904, dans une atmosphère rendue lourde après les affrontements des deux France provoqués par l'Affaire Dreyfus. Les grandes amitiés nouées par Pierre Duhem à l'École Normale ne résisteront pas toujours, par la suite, à la violence des affrontements politiques, et notamment à ceux de l'Affaire Dreyfus (1894-1906). Ainsi, de son amitié pour Paul Painlevé*, figure éminente de la science française et dont les engagements politiques ultérieures iront à l'autre bord.

Entré en 1883 à l'École Normale Supérieure, Paul Painlevé obtient le titre de docteur ès sciences mathématiques, le 10 juin 1887, avant de rejoindre la faculté des sciences de Lille en septembre de la même année. Consacré par l'Institut en décembre 1890 (Grand Prix des Sciences mathématiques), il rejoint la Sorbonne en juillet 1892, date de sa nomination de maître de conférences à la faculté des sciences. Il est de nouveau consacré par l'Institut en décembre 1894 (Prix Bordin) puis nommé répétiteur à l'École polytechnique. Il obtient le Prix Poncelet décerné par l'Institut en décembre 1896, enseigne au Collège de France la même année et à l'École Normale Supérieure l'année suivante. En 1900, à l'âge de trente-sept ans, il est élu membre de l'Académie des sciences. Il en sera vice-président en 1917 et président en 1918. Entre temps, il est nommé professeur à l'École polytechnique.

Ses travaux ont porté principalement sur les équations différentielles et la mécanique, notamment la théorie du frottement. La notoriété de Paul Painlevé dépasse largement les frontières de la communauté scientifique. Son engagement dans la défense de Dreyfus, le rôle joué à cette occasion en faveur de la création de la Ligue des droits de l'Homme (4 juin 1898) et les responsabilités politiques qui le conduisirent aux fonctions ministérielles les plus élevées (Président du Conseil à plusieurs reprises, notamment pendant la guerre 1914-1918, de septembre à novembre 1917) ont fait de Paul Painlevé un homme public dont les cendres sont aujourd'hui dans la crypte du Panthéon.

Le destin de Paul Painlevé ne pouvait que l'éloigner de son ami de l'École Normale, puis de Lille, Pierre Duhem. Les affrontements et les rapprochements provoqués par l'Affaire Dreyfus renforceront plutôt les sympathies forgées par ce dernier parfois au collège Stanislas, à une époque où de nombreux élèves de cet établissement ou d'autres établissements catholiques, notamment l'école Sainte Geneviève, entrent à l'École Normale Supérieure. Leur présence modifiera d'ailleurs sensiblement l'atmosphère de l'École, considérée longtemps comme un « séminaire laïc » pourvoyant l'Université française en cadres de qualité. Au cours de cette période fut créé le fameux argot d'école, les « talas », utilisé par les normaliens pour distinguer ceux d'entre eux, catholiques pratiquants, qui allaient-à-la-messe. Les jeunes élèves, issus des collèges religieux, sont assurément les artisans du renouveau catholique qui s'étendit ensuite aux grandes écoles. Tout au long de sa vie, Pierre Duhem rencontra régulièrement les éléments catholiques les plus convaincus, les plus militants. En 1912 et 1913, par exemple, l'ancien « cacique » des années 1881-1884 reçut à plusieurs reprises Pierre Poyet*, normalien de la promotion 1907-1910, section sciences, présenté comme l'apôtre de l'École Normale Supérieure et responsable de la conversion tardive de l'historien Ernest Lavisse*. Duhem joua un rôle considérable pour favoriser l'organisation et l'expression de la communauté catholique de l'École Normale Supérieure. D'abord parce qu'il jouissait de l'estime et de l'admiration de ses camarades en raison de ses qualités intellectuelles. Tout au long de sa scolarité, il ne quitta jamais la place de premier de sa promotion et ses résultats étaient remarquables. Ensuite parce que ce catholique fervent et convaincu demeura cinq années, et non trois – durée normale de la scolarité – à l'École. Le 30 octobre 1885, en effet, au moment où il aurait dû quitter Paris pour embrasser la carrière enseignante, Pierre Duhem est admis en quatrième année de l'École. L'année suivante, il est nommé, le 20 octobre 1886, agrégé préparateur de physique en remplacement de Pionchon auquel il succèdera à la faculté des sciences de Bordeaux, douze ans plus tard.

Ces années passées à l'École Normale Supérieure ont permis à Pierre Duhem de rencontrer des générations d'élèves et de les marquer de son empreinte. En 1884, par exemple, quatre élèves, originaires du collège Stanislas, sont admis dans la section lettres de l'École Normale : Frandrien, Nollet, Wehrlé et Jordan. Ce dernier, reçu premier à l'entrée, se retrouve également premier à l'agrégation d'histoire, avant d'occuper une chaire à la Sorbonne. De fait, Jordan partagera plus tard avec Duhem les plaisirs des grandes excursions pédestres dans le Massif central et les Pyrénées. Wehrlé, lui, démissionne en juillet 1885 et entre dans les ordres. Il occupera, plus tard, un poste d'archiviste au Vatican et correspondra longtemps avec Duhem.

Issu de la même promotion, mais en section sciences, Jacques Hadamard*, brillant mathématicien, entré premier à l'École, se lia d'amitié avec Pierre Duhem. L'estime réciproque que se portaient les deux hommes ne se démentit jamais alors que tout, hors des activités scientifiques, les opposait. Les affrontements dans la vie politique et sociale situeront à chaque fois les deux anciens normaliens dans des camps antagonistes. Bien qu'antidreyfusard déclaré, ce qui l'entraîna à se commettre parfois avec l'antisémitisme, Duhem n'en continua pas moins d'entretenir, avec le mathématicien d'origine israélite, des relations empreintes de respect. L'attitude de Duhem, en l'occurence, illustre des aspects parfois contradictoires. Pourfendeur des idées républicaines avec une vigueur qui parfois atteint les limites tolérables, Duhem savait aussi bien manifester des sentiments d'intérêt, voire d'attachement à l'égard de personnages pourtant profondément différents, dont les engagements étaient opposés aux siens. Les échanges vigoureux avec Paul Painlevé à Lille n'empêchèrent nullement les deux scientifiques, un temps, de cultiver l'estime et l'amitié. Quant à Jacques Hadamard, il parlait, au soir de sa vie, en 1958, plus de soixante ans après avoir quitté Duhem à Bordeaux en 1897, de l'amitié fraternelle et de l'admiration qu'il portait à son « noble et grand ami ». Dans une lettre adressée en 1958 (le brillant mathématicien avait alors 93 ans) à D.G. Miller, professeur à Livermore – un des premiers scientifiques à s'intéresser à l'œuvre de Pierre Duhem – Hadamard évoque le souvenir de son arrivée à l'École et « l'élan si spontané » avec lequel il y fut fraternellement accueilli par son aîné et poursuit :

> « Duhem était très averti des choses mathématiques et c'est à lui, à nos multiples échanges de vues, que je dois d'avoir eu mon attention attirée sur les idées d'Hugoniot* ; à lui aussi d'avoir réfléchi de bonne heure à la question du principe de Huygens*, bien que mes conceptions aient, par la suite, assez profondément évolué sur ce chapitre.
>
> Un des traits les plus remarquables de cette magnifique intelligence, est le rôle qu'y jouaient les tendances les plus contradictoires. De telles contradictions se sont manifestées pour moi à propos de ce qui fut au premier plan de ma pensée scientifique, à savoir la thermodynamique. J'ai profité largement de sa maîtrise en cette matière et lui dois ce que je possède d'idées claires à cet égard. Il voyait la thermodynamique gouverner toute la science. C'est dans cet ordre d'idées qu'il s'opposa et cela, victorieusement, à la thermochimie de Berthelot*, au principe erroné du travail maximum, aujourd'hui banni de la science. A qui lui reprochait la vivacité de sa polémique, il fit un jour cette élégante réponse : "Je ne veux pas être de ceux qui attaqueront Berthelot après sa mort".
>
> Sur un autre terrain il voulut aussi – et c'est là que j'eus l'occasion de noter la coexistence dans son esprit de tendances opposées – faire triompher la primauté de la thermodynamique aux dépens des doctrines atomiques : en quoi, cette fois, il eut le dessous. Sa position à cet égard était des plus voisines de celle d'Ostwald, évitant toutefois l'erreur de recourir comme lui à l'objection inopérante de réversibilité. A cela près, il n'aurait pas été loin de contresigner *La Déroute de l'atomisme contemporain ;* et il allait jusqu'à récuser dédaigneusement – en y supposant l'intervention de quelque "coup de pouce" – les faits expérimentaux qui commençaient à venir confirmer ces doctrines. Quoi de plus étonnant, dans ces conditions, que de l'entendre, comme cela lui arrivait en causant de lui à moi, décrire la matière comme essentiellement discontinue, formée de points distants entre eux et séparés par un vide total. Cette curieuse contradiction est, je pense, ce que je me rappelle de plus frappant de mes conversations avec mon noble et grand ami ».

Parmi les camarades de Duhem à l'École Normale, il faut également citer Henri Bouasse*. Duhem fit sa connaissance lors de son entrée à l'École en 1885. Entré 17e, Bouasse obtint trois ans plus tard l'agrégation brillamment (1er), puis fut nommé préparateur de physique au Collège de France avant d'occuper un poste de professeur de physique à la faculté des sciences de Toulouse. Duhem préfaça et présenta dans des revues scientifiques certains des ouvrages d'enseignement de son collègue et ami, ouvrages copieux dans un style personnel très enlevé et qui furent vite des classiques. Citons enfin Vèzes, nommé à la faculté des sciences de Bordeaux en même temps que Duhem, en 1894, et qui entra à l'École la même année et dans la même section que Bouasse.

Autre liens maintenus avec d'anciens amis de Stanislas, notamment Joseph Récamier, de la famille du mari de la célèbre beauté. Au cours de la scolarité de Duhem à l'École Normale, le père de Joseph Récamier propose au jeune prodige scientifique d'illustrer un pamphlet antirépublicain, antilaïque, publié en 1883 sous forme d'un album intitulé « Au pays des Gorilles ». Étonnant document dans lequel Duhem exprime ses talents de dessinateur et d'artiste, témoignage de l'idéologie dans laquelle baignait ce milieu de la moyenne bourgeoisie, irréductible, imprégnée d'idées traditionnalistes et de catholicisme intransigeant. Les lecteurs apprécieront les illustrations extraites de ce document que nous avons joint au présent ouvrage et la manière dont Duhem pourfend, au travers d'une série de tableaux satiriques mettant en scène les singes Jokko, Jokkino, Jokkina et un vieux chimpanzé, tout ce qui est républicain ou favorable à la laïcité : les ministres, le parlement, les ouvriers. On y reconnaît au hasard des portraits de singes, des personnages importants : Jules Grévy*, Jules Ferry, Floquet*, Cazot*, Gambetta* et même Darwin* sous la houlette de Sapajoukoff qui représente Savorgnan de Brazza*.

# LE PRÉSIDENT PROTOPITHECK

(Les singes se groupent autour du président pour entendre la promulgation du droit nouveau)

*Singes, pour ne point offusquer*
*Votre athéisme séculaire,*
*Nous allons partout débusquer*
*La croix avec le presbytère.*
*Plus de contrats, plus de serments,*
*Plus de magistrats, plus de prêtres ;*
*Ni famille, ni sacrements,*
*Plus de maris et plus de maîtres !...*

*SIMIENTAL* *SAPAJOUKOFF*

***Au pays des Gorilles,***
revue satirique des normaliens de droite, dessins de Duhem.

CHAPITRE II

# Premier combat

## *Une thèse refusée*

Pierre Duhem obtint l'agrégation de sciences physiques à la fin de la troisième année d'école en 1885. La préparation durait un an. A la fin de la deuxième année, les normaliens étaient répartis en trois groupes, les premiers préparaient l'agrégation de mathématiques, les seconds celle de physique, les troisièmes l'agrégation de sciences naturelles. Parmi les six élèves présentés à l'agrégation de physique, quatre furent reçus : Duhem (1er), Meslin (2e), Joubin (6e) et Houllevigue (10e).

Une année auparavant, le 20 octobre 1884, Pierre Duhem, élève de 3e année, présente devant un jury composé de Charles Hermite*, Gabriel Lippmann* et Émile Picard, une thèse de physique mathématique ayant pour sujet « le potentiel thermodynamique ».

Une telle pratique n'était pas habituelle dans l'Université française, mais il semble que Duhem ait voulu rapidement prouver qu'il avait des idées nouvelles à promouvoir dans le domaine de la physicochimie. On ne connaît pas le texte remis par le candidat au jury. On sait cependant qu'il est rendu à l'auteur par Lippmann le 12 juin 1885, puis retiré le 19. En revanche, on connaît bien le rapport de la commission constituée des trois membres du jury, un rapport extrêmement sévère à l'égard du candidat. Le voici :

Rapport de la Commission de Trois Membres :
MM. Hermite, Lippmann, Picard.

Thèse de Physique Mathématique ayant pour sujet
« Le Potentiel Thermodynamique »
Présentée le 20 octobre 1884 par M. Duhem,
Élève de 3e Année à l'École Normale Supérieure.
Thèse remise par M. Lippmann le 12 juin 1885.

Écrit le 12 juin à M. Duhem de venir la retirer.

Reçu le manuscrit de ma thèse le 19 juin 1885.

Signé : P. Duhem

Académie des sciences

Rapport de thèse :

« Dans ce travail très étendu, M. Duhem s'est proposé d'étudier divers phénomènes physiques et chimiques à l'aide d'un principe de thermodynamique qu'il attribue à M. Clausius* et qui serait le suivant : pour tout cycle fermé irréversible, l'intégrale : $\int dq/T$ a toujours une valeur positive ; dq représentant la quantité de chaleur infinitésimale développée à la température T. Cette formule : $\int dq/T > 0$ se trouve en effet chez M. Clausius ; mais avec une signification différente, et accompagnée de commentaires et de restrictions essentielles (Clausius, *Mechaniks Warm Theorie,* tome I, pp. 212, 228 et 229) qui paraissent avoir échappé à l'auteur. De sorte que l'on ne saurait attribuer à M. Clausius ce principe tel que l'auteur le conçoit. On peut admettre néanmoins, à titre de postulatum le principe $\int dq/T > 0$ tel que l'auteur le conçoit. Mais on ne saurait admettre les raisonnements qui suivent et par lesquels l'auteur essaie d'en faire l'application.

Comme premier exemple d'application, on considère un fait de thermochimie, la dissociation de l'acide iodhydrique. L'auteur imagine que les gaz qui prennent part à la réaction, d'abord séparés, se mélangent ensuite sans dégagement de chaleur chimique, en passant simplement sous silence un phénomène qui est pourtant l'essentiel en thermochimie. Les seuls dégagements de chaleur dont l'expression soit introduite dans les formules sont ceux qui accompagnent les variations de pression et de température d'un gaz parfait.

Or, par surcroît, et afin de permettre la formation de certaines fonctions, l'auteur suppose que le phénomène a lieu à pression et à température constantes. Il en résulte qu'en définitive, l'auteur calcule des termes qui doivent tous être identiquement nuls d'après son hypothèse. Et de fait, on vérifie aisément que tous les termes de la formule finale à laquelle il parvient contiennent en facteur le logarithme de l'unité.

L'auteur invoque l'autorité de M. Kirchhoff* en renvoyant au travail bien connu de ce savant (Ann. de Pogg., tome, CIII). On ne voit pas quelle relation il y a entre les deux mémoires : d'ailleurs M. Kirchhoff avait uniquement en vue dans son travail, le calcul d'une chaleur chimique, c'est-à-dire précisément de la grandeur que l'auteur a négligée dans la mise en équation.

Les conclusions que l'auteur tire de son analyse sont trop vagues pour servir de contrôle ; elles s'appliqueraient également à une infinité de formules différentes.

Dans d'autres applications de son principe, l'auteur prend pour seule variable le poids total du système. Cette manière de raisonner est dénuée de sens au point de vue de la thermodynamique : on suppose en effet en thermodynamique que les paramètres qui définissent le système sont tous variables, sauf précisément le poids total qui demeure constant.

Dans la seconde partie de son travail, l'auteur expose divers travaux théoriques relatifs à l'électricité, sans d'ailleurs y ajouter de conclusions nouvelles. Il s'occupe également des actions exercées à distance par le courant électrique : action électrodynamique et induction. Cette dernière partie est sans lien logique avec la précédente, ni avec la thermodynamique en général. Car on sait que les actions exercées à distance par le courant sont indépendantes de la (matière) du circuit et par conséquent de la température et des actions calorifiques ou autres qui ont lieu dans le circuit.

En conséquence, le travail de M. Duhem ne paraît pas de nature à être soutenu comme thèse devant la faculté des sciences de Paris. »

Refuser une thèse à un candidat aussi brillant que Duhem n'était pas dans les traditions de l'Université française. Naturellement, Duhem n'avait que vingt-trois ans et n'avait qu'une pratique limitée de la recherche. Cependant, il avait déjà travaillé de longues années avec des scientifiques de renom, par exemple avec Jules Moutier, auteur de nombreuses publications dans les *Comptes Rendus* de l'Académie des sciences.

Mais les conclusions du travail de Duhem mettaient en cause les résultats présentés et proposés par l'un des personnages les plus puissants de la science et de l'université de l'époque : Marcelin Berthelot. Le célèbre chimiste, membre de l'Académie des sciences depuis mars 1873 – il en sera le secrétaire perpétuel en 1889 –, auteur de travaux innombrables en matière de synthèse chimique, présidait, à Paris, aux destinées de la Chimie. Il était par ailleurs depuis toujours lié à cette partie de l'intelligentsia parisienne qui se reconnaissait dans une sorte de philosophie positiviste, laïque et républicaine. Grand ami de Renan*, Marcelin Berthelot avait en outre été appelé, par la République naissante, à participer aux affaires publiques. Dès 1871, il était élu député, après avoir en 1870 assumé une fonction de conseiller technique de l'administration de la guerre. En 1881, nommé sénateur inamovible, il obtenait le maroquin de ministre de l'Instruction publique dans le cabinet Goblet. Près de dix ans plus tard, du 2 novembre 1895 au 29 mars 1896, il était ministre des Affaires étrangères dans le cabinet Bourgeois. Son fils,

**Marcelin Berthelot** (1827-1907).
Le savant républicain règne sur la communauté scientifique française
et singulièrement sur la chimie :
Duhem le déteste au premier titre et le conteste au second.

Philippe Berthelot, également diplomate, jouera un rôle important auprès de Briand* avant 1914, et auprès de Clemenceau au moment de l'élaboration du Traité de Versailles, et se verra reprocher d'avoir été l'un des principaux responsables de la destruction politique de l'Autriche-Hongrie.

Des travaux scientifiques remarquables sur la synthèse chimique ont assuré la célébrité de Berthelot. On le décore de la Légion d'honneur : chevalier en 1861, officier en 1867, commandeur en 1879, grand officier en 1886. En 1864, il enseigne au Collège de France « Les méthodes générales de synthèse en chimie organique ». Il est également nommé en 1876 Inspecteur général de l'Enseignement supérieur. Une carrière scientifique tout à fait exceptionnelle pour un homme qui, par ailleurs, occupe souvent dans le domaine politique le devant de la scène. Sa mort en 1907, à quatre-vingts ans, sera l'occasion d'une manifestation d'une ampleur semblable à celle déployée pour Victor Hugo, et jamais auparavant pour un scientifique. Un véritable culte est voué à celui dont on dépose la dépouille au Panthéon. On compose, à cette occasion, un hymne en l'honneur du savant, sur l'air de *La France guerrière,* qui commence ainsi : « De Berthelot, France, chante la gloire », et les refrains se terminent par ces mots : « Pour Berthelot, pour Berthelot ».

Ce culte était entretenu depuis longtemps, non seulement par les autorités officielles de la Science et de la République, mais encore par diverses associations. Le Grand Orient de France, fort actif, fit éditer à l'occasion du « Banquet Berthelot » organisé le 4 avril 1895 un fascicule « publié par les soins du grand Collège des rites du GOF, suprême conseil pour la France et les possessions françaises » intitulé : *A Monsieur Berthelot, A la Science triomphante.*

En 1927, le centenaire de sa naissance servira de prétexte à une commémoration à laquelle participent les plus hautes autorités nationales et internationales : Raymond Poincaré, ancien président de la République (de 1913 à 1920) prend la parole dans le Panthéon en l'honneur de « celui qui avait incarné, au plus haut niveau, les valeurs les plus sacrées de la Science et de la République ».

Ce destin exceptionnel ne peut trouver son unique justification dans les travaux, aussi brillants fussent-ils, du savant, expérimentateur conséquent et théoricien de la synthèse chimique et de la thermochimie. C'est également parce qu'il apportait, par sa participation directe à l'exercice du jeune pouvoir républicain, une sorte de légitimité et de caution à la fois scientifique et philosophique que Berthelot devint l'objet d'un véritable culte. En portant au plus haut degré des idées héritées du positivisme en matière scientifique et d'une sorte d'idéalisme saint-simonien proclamé en matière politique et sociale, en défendant les vertus éducatives et émancipatrices de la

Science, Berthelot symbolisa les valeurs défendues par les couches républicaines modérées qui assuraient le pouvoir depuis 1876 en France, profondément attachées à la République mais refusant les réformes sociales. Dans les affrontement sociaux et politiques qui secouèrent la société française en cette fin du XIXe siècle, Berthelot se réfugia dans une prudente réserve en attendant la fin des « orages ». Au plus fort de la guerre de 1870, alors que la famine sévissait dans la population parisienne, quelques membres de l'intelligentsia et de l'aristocratie cultivée de la capitale, se réunissaient autour de plantureuses tables au Restaurant Vachette tenu par un certain Brébant. Une médaille en or fin, frappée, à l'époque, à la monnaie de Paris, d'une valeur de trois cents francs, porte à son revers le nom de Berthelot à côté de ceux d'Ernest Renan, de Pierre de Saint-Victor, de Charles Blanc, de Scherer, de Dumesnil, d'A. Nefftzer, directeur du *Temps,* de Ch. Edmond Thurot, de J. Bertrand, de Marey, d'E. de Goncourt, de Théophile Gautier et d'A. Hébrard. Sur l'avers de cette médaille figure une inscription dont l'impudeur se passe de commentaires :

PENDANT
LE SIÈGE DE PARIS
Quelques personnes ayant
Accoutumé de se réunir chez M. Brébant
Tous les quinze jours ne se sont pas une seule
Fois aperçues qu'elles dinaîent dans
Une ville de deux millions
D'âmes assiégées
1870-1871

On connaît par ailleurs les liens d'amitié entre Berthelot et Renan qui, lui, ne cachait point ses sentiments « anticommunards ». Enfin, pendant l'Affaire Dreyfus, Berthelot, contrairement à la plupart des « intellectuels » français, se réfugia dans un mutisme total, ce qui surprit nombre d'observateurs.

Le tableau serait incomplet si l'on ne soulignait le rôle joué pendant de longues années par le chimiste dans le développement des recherches et des connaissances scientifiques. Au-delà des travaux innombrables publiés par le savant à propos de la synthèse chimique des substances, Berthelot eut le mérite d'associer à son œuvre des collaborateurs qui devinrent illustres. Signalons plus particulièrement : Henri Moissan (1852-1907), qui obtint le prix Nobel de Chimie en 1906 pour ses recherches sur le fluor et la « mise au service de la science du four électrique qui porte son nom » ; Paul Sabatier (1854-1941), qui fut également lauréat en 1912 « pour sa méthode d'hydrogénation des combinaisons organiques en présence de métaux finement réduits », méthode qui a fait faire de grands progrès à la chimie organique ; Alfred Werner (1866-1919), prix Nobel de Chimie en 1913, qui fut récompensé « pour ses travaux concernant la liaison des atomes dans la molécule, par lesquels il a éclairé certains domaines d'investigations anciennes et en a ouvert d'autres, notamment en chimie organique ».

## *La lutte contre Berthelot*

Bien que l'on n'ait pas connaissance de la thèse remise par le jeune Pierre Duhem – il a 23 ans – aux membres du jury, en ce 20 octobre 1884, il y a tout lieu de penser que l'essentiel des développements et des conclusions de la thèse se trouvent dans la première publication de Duhem, éditée chez Hermann en 1886 sous le titre *Le Potentiel thermodynamique et ses applications à la mécanique chimique et à l'étude des phénomènes électriques*. L'auteur fait en effet référence dans l'introduction de cet ouvrage à des travaux effectués en 1884, quelques mois avant la soutenance, grâce aux « affectueux conseils » de Jules Moutier. C'est dans ce document que l'on découvre la raison essentielle du refus opposé par le jury aux thèses développées par Duhem : l'auteur conteste pour la première fois, publiquement, l'un des principes fondamentaux de la thermochimie de Marcelin Berthelot, le principe du travail maximum. Voici ce qu'écrit le jeune normalien :

> « Les physiciens ont cherché à établir des propositions qui jouent dans la mécanique chimique le rôle que le principe des vitesses virtuelles et le théorème de Lagrange jouent dans la mécanique rationnelle.
>
> La première tentative qui fut faite dans cette voie est due à M. Berthelot. La règle qu'il proposa sous le nom de Principe du Travail Maximum était énoncée de la manière suivante : Toute action chimique accomplie sans l'intervention d'une énergie étrangère, tend vers la production du système de corps qui dégage le plus de chaleur.
>
> [...] D'après la règle posée par M. Berthelot, la possibilité d'une réaction suppose que cette réaction produit une diminution d'énergie. [...] En un mot d'après cette règle, l'énergie joue dans la statique chimique le rôle que le potentiel joue dans la statique proprement dite.

> Cette règle rencontre malheureusement, dans un certain nombre de phénomènes, des exceptions difficiles à expliquer. [...] L'énergie ne peut donc, dans la mécanique chimique, jouer le rôle de potentiel ; l'entropie ne peut jouer le rôle de fonction de forces. Les physiciens ont été conduits à rechercher, parmi les autres quantités qu'étudie la thermodynamique, une fonction qui peut servir à déterminer les équilibres chimiques ».

Une contestation présentée par Duhem sans passion, avec pour unique préoccupation, la vérité scientifique. Les remarques de Duhem, fort pertinentes, s'appuyaient sur les définitions récentes données par J.W. Gibbs* et Massieu* des fonctions thermodynamiques : F et G.

Les lecteurs avertis reconnaîtront en F et G les fonctions potentiels thermodynamiques internes, utilisées en mécanique chimique notamment, déduites par généralisation à des systèmes chimiques des fonctions potentiels de la mécanique.

*F est appelée énergie libre*

Dans l'expression de cette grandeur $F = U - TS$,
U représente l'énergie interne ($U = W + Q$)
W, le travail échangé ($W = -\int PdV$)
Q, la quantité de chaleur échangée
P, la pression
V, le volume
T représente la température
et S, l'entropie

*G est appelée enthalpie libre*

Dans son expression $G = H - TS$,
H représente l'enthalpie ($= U + PV$)
T, la température
S, l'entropie

En mécanique classique, la variation d'énergie cinétique d'un système entre deux instants est égale à la somme des travaux des forces extérieures et des forces intérieures, ce qui peut s'exprimer de la façon suivante :

$$\Delta_1^2 E_c = \Delta_1^2 W_{ext} + \Delta_1^2 W_{int}$$

ou encore

$$\Delta_1^2 W_{int} = \Delta_1^2 E_c - \Delta_1^2 W_{ext}$$

Sous cette forme, la variation du travail des forces intérieures ou potentiel interne représente l'énergie réellement utilisable du système, celle qui, par exemple en hydraulique, permet de déterminer l'action effectivement exercée par l'eau sur une turbine.

En thermodynamique, F et G correspondent à ces énergies utilisables du système telles que les nommait Duhem (*available energy* chez Gibbs, *freie Energie* chez Helmholtz*).

$\Delta_1^2 F = \Delta_1^2 (U - TS)$

$\Delta_1^2 G = \Delta_1^2 (H - TS)$

Ces fonctions potentiels thermodynamiques internes caractérisent le système. Massieu, en 1869, avait étudié les propriétés mathématiques de ces fonctions caractéristiques. Les deux fonctions F et G correspondent respectivement à des transformations d'un système effectuées à volume constant et sous pression constante.

Duhem démontre que ces fonctions jouent le rôle du potentiel en mécanique et il s'attache dans la thèse incriminée à calculer leur valeur dans des cas particuliers. Il rectifie donc Berthelot car, dans l'énoncé du principe du travail maximum, ce dernier attribuait aux fonctions U (énergie interne) et H (enthalpie) les propriétés qui appartiennent, comme le démontre Duhem, respectivement aux fonctions F et G. Il faut noter cependant que, si le principe de Berthelot est inexact, son application, pour des valeurs de températures faibles – H et U sont alors très supérieurs à TS –, s'avère commode. Au zéro absolu, la règle édictée par Berthelot serait dès lors exacte. Cette affaire, qui relevait du débat scientifique le plus courant, allait, pour des raisons diverses, prendre des proportions inattendues et empoisonner pendant de longues années l'atmosphère de la communauté des chimistes, des mathématiciens et des physiciens français.

Est-ce parce que Duhem s'affirme dans ses premiers écrits solidaire d'une école scientifique, l'école énergétiste[1], considérée comme rivale par les tenants de la chimie en France ? Toujours est-il que Duhem se trouve brutalement isolé dès lors qu'il s'oppose à Berthelot. Ce dernier n'a au demeurant nullement besoin d'insister auprès des chimistes français, généralement tous dévoués à la cause, pour qu'ils participent directement ou indirectement à cette mise à l'écart.

Il semble que Duhem n'ait jamais rencontré Berthelot ; il n'a donc probablement pas eu l'occasion d'échanger quelques paroles avec le maître incontesté de la chimie française à l'époque. Berthelot

1. Cette école énergétiste fut créée par Rankine*, auteur du premier traité d'énergétique en 1855. Selon Duhem, les principaux « maîtres » en furent Gibbs, Helmholtz et Ostwald. L'énergétique, pensait Picard en 1916, est une science d'algébriste et il ajoutait : « L'Énergétique, telle que l'entendait Duhem, est une science austère, drapée dans ses symboles, ne se permettant aucune image et aucun modèle ». On a reproché à l'énergétique de mutiler quelque peu l'esprit de recherche et aux énergétistes de manquer de curiosité.

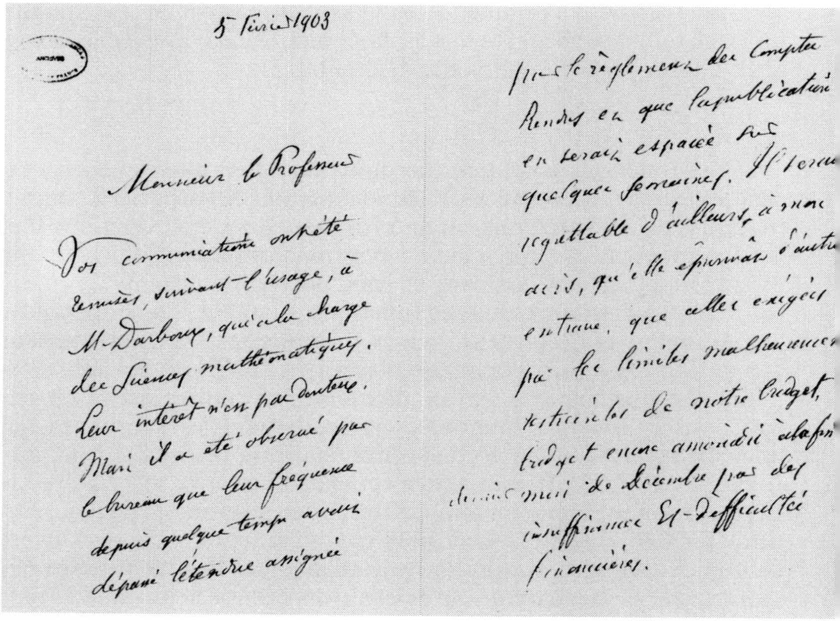

5 février 1903

Monsieur le Professeur

Vos communications ont été remises, suivant l'usage, à M. Darboux, qui a la charge des Sciences mathématiques. Leur intérêt n'est pas douteux. Mais il a été observé par le bureau que leur fréquence depuis quelque temps avait dépassé l'étendue assignée par le règlement des Comptes Rendus et que la publication en serait espacée sur quelques semaines. Il serait regrettable d'ailleurs, à mon avis, qu'elle éprouvât d'autres retards que ceux exigés par les limites malheureusement restreintes de notre budget, budget encore amoindri à la fin du mois de Décembre par des insuffisances et difficultés financières.

fit semblant d'ignorer Duhem. Ce dernier utilisait ses publications pour régler quelques comptes, si l'on ose dire. La seule relation directe que nous connaissions entre les deux hommes consiste en une lettre adressée par l'académicien au professeur de Bordeaux le 5 février 1903. Elle ne présenterait qu'un intérêt mineur si elle ne nous donnait quelques informations sur les difficultés rencontrées par le bureau de l'Académie des sciences devant l'accroissement du nombre de publications. Cette instance allait prendre quelques années plus tard des mesures limitant le nombre de publications autorisées annuellement pour un même auteur.

5 février 1903

Monsieur le Professeur,

Vos communications ont été remises, suivant l'usage, à Monsieur Darboux*, qui a la charge des Sciences mathématiques. Leur intérêt n'est pas douteux. Mais il a été observé par le bureau que leur fréquence depuis quelque temps avait dépassé l'étendue assignée par le règlement des comptes rendus et que la publication en serait espacée sur quelques semaines. Il serait regrettable

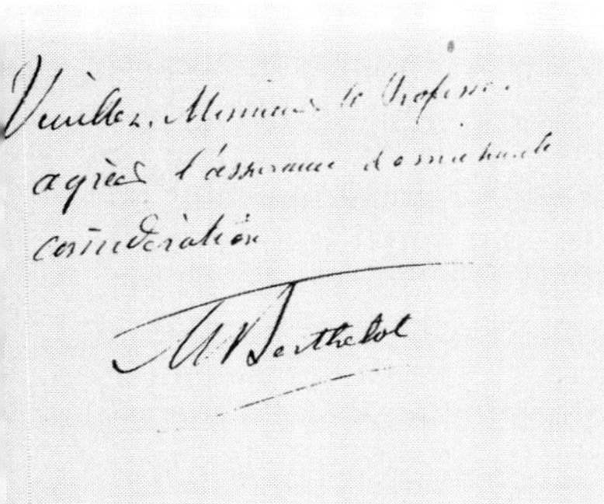
Veuillez, Monsieur le Professeur, agréer l'assurance de ma haute considération

M. Berthelot

Ci-contre : **Lettre de Berthelot** à Duhem, ou le plaisir d'être désagréable au nom des « limites malheureusement restreintes de notre budget ». (Archives de l'Académie des sciences.)

Ci-dessous : **Lettre de Duhem** au chimiste tchèque Frantiseck Wald (1861-1930), autre victime de l'omnipotence de Berthelot : *Le Journal de Physique* refuse de publier ses travaux qui contestent certaines théories du maître.

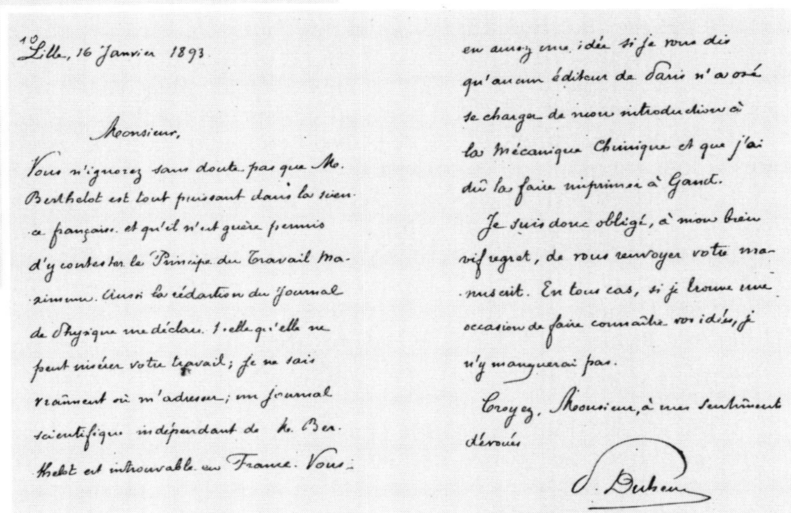
Lille, 16 Janvier 1893

Monsieur,

Vous n'ignorez sans doute pas que M. Berthelot est tout puissant dans la science française et qu'il n'est guère permis d'y contester le Principe du Travail maximum. Aussi la rédaction du Journal de Physique me déclare t elle qu'elle ne peut insérer votre travail; je ne sais vraiment où m'adresser; un journal scientifique indépendant de M. Berthelot est introuvable en France. Vous en aurez une idée si je vous dis qu'aucun éditeur de Paris n'a osé se charger de mon introduction à la Mécanique Chimique et que j'ai dû la faire imprimer à Gand.

Je suis donc obligé, à mon bien vif regret, de vous renvoyer votre manuscrit. En tous cas, si je trouve une occasion de faire connaître vos idées, je n'y manquerai pas.

Croyez, Monsieur, à mes sentiments dévoués

P. Duhem

d'ailleurs, à mon avis, qu'elle éprouvât d'autre contrainte que celles exigées par les limites malheureusement restreintes de notre budget, budget encore amoindri à la fin du dernier mois de décembre par les insuffisances et difficultés financières.

Veuillez, Monsieur le Professeur, agréer l'assurance de ma haute considération.

Signé : M. Berthelot

Au-delà du cercle restreint des initiés qui, pour la plupart, furent les meilleurs de ses élèves, Duhem ne bénéficia d'aucun appui conséquent dans la communauté des chimistes en France, les plus influents ayant travaillé dans le laboratoire de Berthelot ; c'est le cas de Délépine* par exemple qui avait passé plusieurs années (de 1895 à 1902) comme préparateur au Collège de France avant d'occuper plus tard la chaire de chimie dans cette même institution, et qui défendait encore en 1962 le principe du travail maximum plus par respect pour la mémoire de Berthelot que par conviction scientifique, comme l'indique le témoignage adressé à Donald G. Miller. Le soutien que lui apporteront certains physiciens de renom, dont Jean Perrin*, dans cette affaire ne pèsera pas lourd et ce, semble-t-il, pour deux raisons : d'abord parce que les chimistes constituent à l'époque une communauté distincte de celle des physiciens et que, par conséquent, le point de vue d'un spécialiste de physique atomique n'a pas grand écho dans le milieu des chimistes, ensuite, parce que les orientations de Duhem dans les recherches de physique et son attitude à l'égard des travaux réalisés par les physiciens français ne favorisent pas, de leur part, un engagement vigoureux sur des questions que, somme toute, ils peuvent considérer comme étrangères à leur domaine de compétence.

C'est hors des frontières que Duhem fut, semble-t-il, le mieux compris. Par exemple de Frantiseck Wald*, savant et ingénieur tchèque, directeur d'un laboratoire d'analyses chimiques à Kladno et correspondant d'Ostwald. Dans les deux lettres adressées en 1893 à Wald par Duhem, alors que ce dernier était maître de conférences à Lille, on admirera la clarté de l'expression, la calligraphie et on découvrira, s'il le fallait encore, « l'hostilité déclarée » entre Duhem et Berthelot.

L'ostracisme dont est victime Duhem en France lui ferme également la plupart des portes de l'édition scientifique française. A Lille, Rennes ou Bordeaux où se poursuivra sa carrière universitaire, Duhem sera contraint de s'adresser à des éditeurs étrangers pour diffuser ses théories opposées à celles de Berthelot et des thermochimistes dont la critique fait l'objet d'une censure larvée.

En 1893, Duhem publie à la Librairie Hoste, à Gand, son *Introduction à la Mécanique Chimique.* Il consacre dans cet ouvrage quarante pages à une étude critique et historique des travaux et des méthodes concernant les problèmes de mécanique chimique en débat. Reprenant dans le détail la genèse du Principe énoncé par Berthelot en 1873, Duhem rappelle que Thomsen* publia aussitôt une réclamation très vive à propos de ce Principe, inventé par lui dès 1854, et montre comment Berthelot, pour échapper aux critiques et expliquer les cas où le principe ne se vérifie pas, découvre la notion d'énergie étrangère en corrigeant ainsi l'énoncé du Principe : « Toute réaction, accomplie sans le secours d'une énergie étrangère, dégage de la chaleur ». Duhem, avec une ironie mordante, démontre qu'il peut alors ainsi se formuler : « Toute réaction qui n'absorbe pas de la chaleur en dégage », ce qui, en effet, transforme le troisième principe de la thermochimie en « ridicule tautologie ». La querelle prend chez Duhem un ton d'autant plus vif que le savant ne peut exprimer son opinion dans les conditions normales d'un débat scientifique. Lorsqu'en 1897 Berthelot publie sa *Thermochimie,* Duhem répond aussitôt dans un article de la *Revue des Questions Scientifiques* imprimée en Belgique chez Pelleunis et Ceuterick, à Louvain. Il condamne avec vigueur le travail où l'académicien rappelle les trois principes sur lesquels il construit la thermochimie et qu'il formule ainsi :

> 1. *Le principe des travaux moléculaires*, d'après lequel la quantité de chaleur dégagée dans une réaction mesure la somme des travaux chimiques et physiques dans cette réaction.
> 2. *Le principe de l'état initial et de l'état final* ainsi exprimé : si un système de corps simples ou composés, pris dans des conditions déterminées, éprouve des changements physiques ou chimiques capables de l'amener à un nouvel état, sans donner lieu à aucun effet mécanique extérieur au système, la quantité de chaleur dégagée ou absorbée par l'effet de ces changements, dépend uniquement de l'état initial et de l'état final du système ; elle est la même, quelles que soient la nature et la suite des états intermédiaires.
> 3. *Le principe du travail maximum* : tout changement chimique, accompli sans l'intervention d'une énergie étrangère, à température constante, tend vers la production du corps ou du système de corps qui dégage le plus de chaleur.

On constate que le troisième principe est présenté sans modification par rapport aux écrits du même Berthelot qui datent de 1873.

Duhem renouvelle ses critiques et, malgré un ton polémique, maintient le débat sur le terrain scientifique. Par contre, dans le dernier paragraphe, l'énergétiste se livre à une attaque sans concession de l'homme et du rôle néfaste qu'il joue dans le développement des recherches en France, lui reprochant notamment de s'attacher fréquemment aux doctrines condamnées au détriment de la promotion des théories nouvelles. La conclusion de Duhem est édifiante :

> « Pendant qu'il contemple les ruines des idées pour lesquelles il a combattu, que M. Berthelot prête l'oreille aux murmures qui sortent de la foule des physiciens et des chimistes français qu'un reste de crainte superstitieuse empêche encore d'élever la voix, et

**Henri Poincaré** (1854-1912).

avec ''le dégoût des trahisons, des déceptions et des abandons'', ces murmures lui apporteraient une sorte de commentaire anticipé de ces paroles : Dites-moi où sont maintenant ces maîtres et ces docteurs que vous avez connus lorsqu'ils vivaient encore et qu'ils florissaient dans leur science ? d'autres occupent à présent leur place, et je ne sais s'ils pensent seulement à eux. Ils semblaient, pendant leur vie, être quelque chose, et maintenant, on n'en parle plus ».

Ces murmures ne furent cependant pas suffisants pour permettre la promotion de la Chimie physique à laquelle l'énergétiste consacra beaucoup, et la vigueur, voire la violence du propos, ne favorisèrent pas les appuis que Duhem pouvait espérer. On peut regretter que certaines questions scientifiques portées par Duhem n'aient pas rencontré plus d'écho, qu'elles n'aient pas notamment donné lieu à de véritables débats dont la physique nous a, à la même époque, révélé l'extraordinaire fécondité. Par exemble, le refus de créer en Sorbonne une chaire de Chimie physique, vivement souhaitée par

Duhem, n'est pas étranger au faible développement de secteurs de recherche qui ont connu à l'étranger, en Belgique et aux Pays-Bas notamment, un puissant essor à partir de 1920.

Peu ou mal reconnu dans le cercle des physiciens et des chimistes, Pierre Duhem soutiendra finalement une seconde thèse intitulée : « Sur l'aimantation par influence », le 30 octobre 1888 à Paris, devant un jury composé de Gaston Darboux*, professeur de géométrie supérieure, d'Henri Poincaré*, professeur de calcul des probabilités et d'Edmond Bouty*, professeur de physique. Le titre de docteur ès sciences mathématiques est ainsi conféré à Duhem qui revendiquera constamment son appartenance à la communauté des physiciens ou mieux des physico-chimistes.

A l'étude purement scientifique consacrée à l'aimantation, Duhem ajoute une seconde partie historique destinée à justifier sa « théorie nouvelle de l'aimantation par influence fondée sur la thermodynamique ». Ces travaux sont consignés dans les annales de la faculté des sciences de Toulouse (1888).

CHAPITRE III

# L'entrée dans l'Université

## *Lille et les intellectuels catholiques*

Pierre Duhem est nommé maître de conférences à Lille au mois d'octobre 1887 ; ses premières publications scientifiques et ses engagements dans la société civile l'ont déjà mis en difficulté vis-à-vis de ses collègues et de la plupart des tenants de la science officielle. Le jeune maître de conférences espère néanmoins que ce séjour dans une faculté de province, habituel pour les plus brillants des normaliens (les autres vont enseigner dans les lycées), précède une nomination vivement souhaitée dans une chaire à la Sorbonne. Au cours de ces six années passées à Lille, Duhem partage son temps entre les cours de physique qu'il dispense à ses étudiants, la poursuite et la mise en forme des travaux scientifiques engagés précédemment et les rencontres avec le milieu intellectuel de la faculté des sciences et surtout de l'Institut catholique de la grande ville industrielle du Nord de la France.

Son travail universitaire fait l'objet de jugements élogieux de la part des étudiants comme des responsables de la faculté. Les rapports annuels adressés par le recteur Bayet à l'administration en 1888-1889-1890 insistent sur les qualités de ce « très brillant professeur » qui sait être concis et remarquablement clair malgré la complexité des théories présentées à son auditoire. Les inquiétudes et les regrets, manifestés par exemple lorsque ses étudiants échouent à l'agrégation, illustrent la grande conscience professionnelle du jeune maître de conférences. Il s'en ouvre à son ami Paul Painlevé – qui vient d'être nommé à la faculté des sciences de Lille – lequel lui adresse cette réponse significative :

> Saint-Jean de Thouars, 28 septembre 1889 (sans doute).
>
> Mon Cher Ami,
>
> J'ai reçu ta lettre avec grand plaisir bien que les nouvelles incluses ne m'aient pas pleinement satisfait. Il est certainement regrettable qu'un au moins de tes candidats n'ait pas été reçu, mais

**Paul Painlevé** (1863-1933).

je crois pourtant que tu attaches trop d'importance. Où je retrouve à coup sûr ton imagination pessimiste, c'est que tu prévois le jour où l'on t'enverra préparer le bachot au lieu de l'agrégation. Ce jour est au moins aussi éloigné que le triomphe de la Boulange. Ne te tourmente donc pas à ce point des menées de Damien et des impressions de la Sorbonne. Remarque que tu n'as, sur les dites impressions, que les renseignements de tes candidats, lesquels pour être de très bonne foi ne sont pas des témoins que je prenne au pied de la lettre. Au fond, tout cela me produit l'effet d'une pierre qui tombe au fond d'un puits : pendant un instant, ça fait des ronds et il n'en est plus question. Tu es nommé pour un an à Lille : tiens-toi tranquille, fais ton service comme tu sais le faire, en en sortant le moins possible et en arrondissant les angles dans la mesure de tes moyens. Dans un an, personne ne songera à te chercher noise ou, si cela vient à l'idée de quelqu'un, il sera fort empêtré.

En admettant même que cette attitude coûte un peu à ton caractère, tu as assez d'intérêt à rester à Lille pour ne pas reculer devant ce petit sacrifice. Indépendamment de ta famille, d'autres attaches, comme tu le dis toi-même, te retiennent au rivage. J'espère que des renseignements plus précis te permettront bientôt de sortir de cette période d'attente qui est vraiment trop longue et trop énervante. Je souhaite de tout cœur que ta patience soit enfin récompensée. Je suis sûr que ta santé se montrerait aussitôt plus accommodante. Nous verrons d'ici peu à quoi nous en tenir.

Ici, je mène depuis le 13 août une existence paisible et laborieuse, dans un pays qui est ravissant dès que le soleil luit, et il a lui presque tous les jours ces six dernières semaines. J'ai beaucoup travaillé, j'ai fait quelques mathématiques, quelques vers et surtout de la prose. J'ai achevé complètement la nouvelle dont je t'ai parlé. Ce chef-d'œuvre compte une cinquantaine de pages d'impression. J'en ai donné lecture au cénacle minuscule et artistique que nous formons dans ce trou perdu et l'impression a été très bonne. Je souhaite que ces juges, sincères à coup sûr, n'aient pas été trop indulgents. Je tâcherai de la publier aussitôt rentré à Paris. J'ai d'autres nouvelles fort avancées. Enfin je me suis mis à une grande machine très sombre et très passionnée dont je t'ai touché un mot déjà, et qui, dans ma pensée, doit constituer un roman. Tu penses que je n'ai pas dû perdre beaucoup de temps pour venir à bout de toute cette besogne, et en effet, j'ai travaillé presque sans interruption. A part trois jours que j'ai passés avec mon père, une excursion au Mont-Saint-Michel, une course à Avranches et à Granville, toutes mes journées ont été sérieusement employées. Depuis cinq ans peut-être, je n'avais pas traversé une période d'activité aussi féconde et aussi heureuse. Je profite de ces belles dispositions pour aller le plus loin possible, avant de me replonger l'hiver prochain dans les mathématiques.

Car une fois rentré à Lille, je travaillerai d'arrache-pied au fameux mémoire et je ne le lâcherai que parachevé. Ce sera bien par devoir d'ailleurs, car les mathématiques me laissent maintenant fort indifférent ; mais il faut bien justifier la confiance du gouvernement.

Je rentrerai à Paris le 7 ou le 8 octobre. J'y resterai jusqu'à la Toussaint. Viendras-tu voir l'Exposition expirante ? Sinon nous ne nous retrouverions qu'en novembre dans la ville enfermée. En tout cas, je te souhaite bonne santé et bonne chance (tu sais pourquoi). Rappelle-moi, je te prie, au bon souvenir de ta famille, et reçois de ton vieil ami une bien affectueuse poignée de main.

Paul Painlevé

Je joins à cette lettre une de mes dernières productions poétiques ; cela pourrait s'appeler : Pêcheur d'Islande.

Nous nous étions assis au faîte de la dune
Pour voir le port bleuir dans les brumes du soir.
Dans le chenal doublant le cap rocheux et noir,
Les Barques de pêcheurs sortaient une par une.

Elles sortaient, ouvrant leurs voilures au vent
Comme des goëlands qui déploieraient leurs ailes
Puis s'élançant d'un bond sur la mer, en avant
Et vers le Nord fuyaient leurs silhouettes frêles.

Elles appareillaient pour les sombres climats
Bien loin, pour l'Inconnu de l'Océan polaire,
Qui, sous le jour douteux, engourdi de frimas
Les attendait, livide et froid, comme un suaire.

Là-bas, c'étaient les longs hivernages à bord,
Par les brouillards sans fin les mornes traversées
Et la mer périlleuse, et, pour combien ! la mort
Dans le frisson des eaux sinistres et glacées.

Nous restâmes tous deux songeurs, sans nous parler.
Autour de nous croissait l'ombre crépusculaire
Puis la brise fraîchit et souffla vers la terre
Et sur les grands récifs le flot vint déferler.

La nuit profonde avait noyé les blanches voiles.
Le long du quai, rentraient les femmes en priant.
Immobiles, les yeux tournés vers l'Orient,
Nous regardions monter les premières étoiles.

Paul Painlevé.

Au cours de ces premières années à l'Université, Duhem accumule les travaux scientifiques, publications, ouvrages et communications diverses. En 1886, il signera six publications, dont trois dans les *Comptes Rendus* de l'Académie des sciences, et son premier ouvrage de synthèse sur le potentiel thermodynamique est édité. En 1887, dix-sept publications dont dix à l'Académie des sciences, en 1888 un ouvrage et une quinzaine de publications. Ces premières années sont extrêmement fécondes. Elles permettent à Duhem de formaliser et de diffuser ses travaux sur la base d'orientations scientifiques déjà très élaborées, tant en ce qui concerne l'énergétique que l'histoire des théories de la physique dans l'intérêt de la connaissance et de la recherche.

La lecture de *L'Introduction à la mécanique chimique* publiée en 1893 révèle que le projet de Duhem est déjà clairement défini et que ses travaux ultérieurs s'inscriront dans des perspectives ouvertes notamment par Berthollet*, Sainte-Claire Deville*, Gibbs et Moutier, selon les principes d'une énergétique ou thermodynamique générale dont Duhem va s'attacher à constituer les bases.

Toutes les recherches engagées par Duhem contribueront à illustrer et à enrichir la théorie physique, préalable selon lui à toute démarche scientifique et à organiser le « désordre, le chaos et l'effroyable dédale des faits déjà connus ». Duhem va consacrer l'essentiel de son activité scientifique à définir les principes sur lesquels doit être fondée cette théorie, puis à construire l'« œuvre » dans laquelle vont s'inscrire les connaissances et les résultats déjà connus ainsi que les recherches à engager. *La théorie physique, son objet, sa structure,* publiée en 1906, définit les éléments et l'architecture de cette œuvre.

Le *Traité d'énergétique ou de thermodynamique générale*, publié en 1911, constitue l'aboutissement de cette immense tâche que se fixe Duhem et qui consiste, en quelque sorte, à contraindre la réalité à ces principes. Si la réalisation concrète de cette œuvre demande du temps, les principes de base sur lesquels elle va s'appuyer sont déjà fermement établis dans la pensée de Duhem. L'orientation des premiers travaux du savant ne laisse planer aucun doute à ce sujet. Duhem connaîtra des difficultés, des échecs. Ses choix ne s'avèreront pas toujours pertinents. Néanmoins, on mesure mieux actuellement ce que l'ont doit à Duhem : il fut l'un des artisans les plus convaincus et les plus combatifs de la promotion de la chimie-physique dans notre pays, le pionnier de la thermodynamique des phénomènes irréversibles, discipline appelée à d'étonnants développements à partir des années 1920.

Duhem discutait et tentait de diffuser ces idées scientifiques devant des auditoires d'étudiants mais également lors des réunions organisées à Lille à l'initiative d'Eugène Monnet, professeur de chimie à « la Catho », c'est-à-dire l'Institut catholique de Lille. Dans ce cadre, l'abbé Bourgeat, géologue, l'abbé Mourot, théologien, André Chevrillon, professeur de littérature anglaise, neveu d'Hippolyte Taine*, Paul Fabre, historien catholique mystique, Émile Artur, juriste, Auguste Angellier, assistant de Chevrillon et Maurice Bourguin, futur professeur à l'École de Droit de Paris, animaient des débats sur des thèmes très divers dans un groupe constitué très majoritairement de catholiques ardents et convaincus. Paul Painlevé, libre-penseur et républicain, nommé à Lille, répondant à l'invitation de Pierre Duhem à participer à ces réunions, viendra troubler quelque peu ces discussions, sans que cela entame l'estime et l'amitié que se portaient les deux anciens normaliens.

C'est dans ce cercle lillois que Pierre Duhem rencontre, en 1869, sa future femme, Adèle Chayet, au cours d'une soirée chez Madame Monnet. Cinquième enfant d'Alexandre Chayet, qui fut directeur

**André Chevrillon,** de l'Académie française.
Neveu de Taine et professeur de littérature anglaise
à l'université de Lille, il est un des fleurons
du groupe d'intellectuels catholiques que fréquente Duhem.

**Adèle Chayet**
épouse Duhem en 1890 et disparaît brutalement en 1892.

des Forges de Fourchambault, Adèle était également la nièce de l'académicien Saint-René Taillandier, la cousine germaine d'Ollé-Laprune, philosophe connu pour ses engagements religieux, et belle-sœur du docteur Ernest Baltus, professeur de la faculté libre de médecine de Lille. Cette alliance nouée au cours des soirées auxquelles le jeune maître de conférences était régulièrement invité, notamment chez Baltus, permit à Pierre Duhem de recréer dans ce milieu catholique et conservateur combatif un environnement fort ressemblant à celui qu'il venait récemment de quitter à Paris. Léon Ollé-Laprune – déjà rencontré à l'École Normale Supérieure où il enseignait la philosophie – avait connu quelques années auparavant certaines difficultés dans ses rapports avec l'Administration. Ses propos, souvent hostiles à la République et à l'enseignement public, largement diffusés dans la presse, avaient entraîné une décision de suspension de cours à son encontre, prise par le directeur le 5 novembre 1880. Pierre Duhem se voit donc, dans cet environnement, conforté dans des engagements déjà très affirmés.

Pierre Duhem et Adèle Chayet se marient le 28 octobre 1890. Le 29 septembre 1891, une fille, Hélène-Pierre, vient au monde. Le 28 juillet 1892, Adèle meurt, laissant Pierre Duhem seul avec Hélène. Cette tragédie affecte profondément Duhem et contribue à assombrir son caractère. Si les obstacles de tous ordres dressés dans le domaine professionnel et les affrontements de la vie sociale favorisaient à eux seuls ses tendances à l'isolement, la disparition brutale d'Adèle ne pouvait qu'aggraver la difficulté de ses rapports humains hors de la sphère très protégée de ses intimes. Le comportement de Duhem vis-à-vis de ses contradicteurs et de ses ennemis empêchait toute indulgence à son égard et ses réactions, parfois violentes, lui ôtèrent pour une bonne part l'appui de ceux-là mêmes – et ils furent nombreux – qui reconnaissaient par ailleurs la qualité de ses travaux.

Les conditions dans lesquelles Duhem quitta Lille sont révélatrices de cette situation. Le 6 juillet 1893, à la suite d'un malentendu, semble-t-il, Duhem trouve close la porte du laboratoire où il devait faire passer les examens de licence. Il prend violemment à partie Paillot, préparateur et garçon du laboratoire, et va se plaindre au doyen Gustave Demartres avec lequel pourtant, jusque-là, il semblait en bons termes. Demartres, quelque peu irrité, demande à Paillot d'adresser à Duhem une lettre d'excuses, ce que Paillot fait aussitôt le 7 juillet. Duhem considère que la sanction est insuffisante. On inflige un blâme à Paillot. Duhem manifeste toujours sa volonté de voir une sanction encore plus sévère (l'exclusion définitive semble-t-il) s'abattre sur Paillot. Demartres écrit à Duhem en lui demandant « de se contenter du blâme infligé à Paillot et de la lettre d'excuses ». Duhem refuse toujours... L'affaire est portée devant le recteur Bayet par Demartres. En outre, ce dernier se plaint du comportement de Duhem qui refuse même de le saluer. Le recteur transmet la lettre de Demartres à Duhem en lui demandant « de ne pas venir à la faculté afin de ne pas rencontrer Demartres ». La lettre du recteur parvient à Duhem le 19 septembre... La réponse du physicien est immédiate :

> « Quant à mon salut, il faut de sa part (celle de Demartres), une singulière impudence pour le réclamer, les droits de l'honneur me donnent le droit de lui adresser tout autre chose qu'un coup de chapeau.
>
> [...] Il a abusé de son pouvoir en m'excluant arbitrairement le 6 juillet d'un jury de licence ès sciences physiques alors que j'avais déjà fait partie de l'examen. [...] Il m'a insulté en levant la main sur moi... »

Le 21 septembre, Bayet convoque Duhem pour le mardi 3 octobre. Le 22, Painlevé, qui est à Paris à l'époque et qui prend fait et cause pour son ami, écrit à Duhem pour lui conseiller soit le mépris, soit « de provoquer Demartres en duel ». Le 25 septembre parvient au physicien une lettre de Fabre* qui lui conseille plutôt le calme et l'engage à quitter Lille, ce que Duhem acceptera lors de son entrevue du 3 octobre avec Bayet. Une lettre de Bayet, datée du 12 octobre, regrette poliment, semble-t-il, le départ de Duhem mais « c'était, écrit Bayet, comme vous-même l'avez reconnu, la seule solution possible ». Cette violente altercation n'est pas la première querelle de Duhem à Lille. Une lettre adressée, le 13 mai 1888, à Lacaze-Duthiers*, membre influent de l'Université française, est pour une raison mal déterminée signée « votre irréconciliable ennemi ». Un tel incident ne pouvait qu'envenimer les relations avec les membres de l'Académie et de la Sorbonne, où exerçait Lacaze-Duthiers comme professeur de sciences naturelles. Duhem quitte Lille et l'appartement qu'il occupait dans un quartier résidentiel, 78 rue Caumartin, pour la faculté des sciences de Rennes où il vient d'être nommé.

## *Physique et religion*

De Rennes et de son travail à la faculté des sciences, Duhem ne conservera pas un bon souvenir. Il n'y trouvera ni les conditions matérielles, ni la qualité des contacts avec le monde universitaire et intellectuel rencontrées à Lille. Heureusement, la présence d'Édouard Jordan, nommé à la faculté des lettres de Rennes, puis celle d'Émile Artur à la faculté de droit, viendront ensoleiller une vie un peu terne, sorte d'exil dans une ville de province. Les efforts du jeune maître de conférences chargé des cours de physique pour doter l'Université et la ville d'une bibliothèque digne de ce nom, se heurtent à une évidente indifférence de ses collègues scientifiques, au point d'ailleurs que l'on prête à un des professeurs de la faculté des sciences ce mot célèbre, lancé au moment du départ de Duhem à Bordeaux en octobre 1894 : « Et maintenant qu'il est parti, qu'allons-nous faire de tous ces livres ! ».

Au cours de son séjour dans la capitale bretonne, Duhem fut associé à la préparation du congrès international des scientifiques catholiques qui se tint à Bruxelles en septembre 1894. Les interventions du professeur de Rennes y furent particulièrement remarquées ; les débats philosophiques engagés entre Duhem et nombre de congressistes, consignés dans les actes du congrès, illustrent les interrogations des théologiens catholiques confrontés à un développement des connaissances scientifiques qui bouleversent toutes les conceptions traditionnelles, bien au-delà des instances religieuses. Ces rencontres fourniront à Duhem l'occasion de préciser ses propres réflexions à propos des rapports entre physique et métaphysique. Les idées de Duhem sur ce sujet sont clairement exprimées dans les premières pages de *La théorie physique, son objet et sa structure,* œuvre maîtresse publiée en 1906, dont le premier chapitre s'intitule : « Théorie physique et explication méthaphysique ».

Dans une lettre adressée à sa mère, Duhem décrit la manière dont il fut conduit à intervenir, à la suite d'une communication faite à ce congrès de 1894 :

> « [...] Un brave ecclésiastique, venait de traiter une objection prise dans la mécanique. On m'a demandé mon avis sur la partie scientifique. Alors, carrément, j'ai dit à tous ces bons philosophes catholiques que, tant qu'ils s'obstineraient à parler de la science sans en savoir un traître mot, les libres penseurs se moqueraient d'eux, que pour parler des questions où la science et la philosophie catholique se touchent, il fallait avoir fait dix ou quinze ans de science pure, et que tant qu'ils n'auraient pas formé des hommes ayant des connaissances scientifiques approfondies, il fallait garder le silence. L'idée est lancée, elle fera son chemin ; toute l'après midi, on n'a parlé que de cela au congrès ; je ne regrette pas d'être venu ; je crois que le grain que j'ai semé germera ; c'est la première fois que ces braves gens s'entendent dire la vérité ; cela les surprend un peu ; mais je suis surpris de voir qu'ils y mettent, ou plutôt que plusieurs d'entre eux y mettent une grande bonne volonté. »

Il est probable que ce sont ces débats qui détermineront Duhem à écrire de nombreux articles et ouvrages sur le thème de la science et de la religion. Il éprouve en effet le besoin d'expliciter ses propres choix philosophiques à l'intention d'une communauté scientifique et intellectuelle fortement marquée, en France notamment, par le positivisme libre-penseur, et de conforter, en leur donnant des arguments théoriques nourris par sa propre pratique de scientifique et d'historien des théories de la physique, la communauté et la hiérarchie catholiques dans leurs choix fondamentaux. Sans doute faut-il voir là quelques-unes des raisons qui ont inspiré les très nombreux travaux et recherches de Duhem sur le rôle de la pensée religieuse dans l'élaboration de la démarche scientifique au Moyen Age, ainsi que les articles publiés dans les *Annales de philosophie chrétienne* en 1905 et 1906 sous le titre « Physique de croyant ». Cette dernière série d'articles sera d'ailleurs publiée à la suite de la *Théorie physique, son objet et sa structure,* lors de la deuxième édition de cet ouvrage en 1914 (la première édition date de 1906).

Duhem défendra ses conceptions dans la *Revue de philosophie* dont il fut l'un des fondateurs avec le Père Peillaube* et le Père Bulliot, professeurs à l'Institut catholique de Paris. Il contribuera ainsi à la promotion de l'idée selon laquelle la croyance religieuse et la pratique scientifique ne sont pas antagonistes mais au contraire expriment des vérités de « divers ordres ». La lettre adressée au Père Bulliot le 21 mai 1911 éclaire bien cette position, prise dès la décennie 90 :

> Bordeaux, le 21 mai 1911
>
> J'ai ouï dire que l'Institut catholique de Paris se préparait à organiser un ensemble coordonné d'enseignements philosophiques. Cette nouvelle m'a causé grande joie, et elle causera grande joie, je pense, à tout catholique clairvoyant ; il est temps, en effet, qu'aux nombreux et savants enseignements de la philosophie indifférente ou adverse, nous opposions tout un collège de chaires où la philosophie traditionnelle du catholicisme soit exposée en toute sa force et en tout son développement.
>
> Au sujet de la composition du futur Institut de philosophie, des réflexions me sont venues, dont je vous demande la permission de vous faire part. Ce ne sont pas des conseils qui, venant de moi, seraient impertinents ; ce sont, bien plutôt, de simples renseignements. Vivant au milieu de ceux qui professent des doctrines contraires aux nôtres, je suis bien placé pour connaître leur plan d'attaque contre nous et pour voir où nos défenses doivent être surtout renforcées.
>
> Le champ où la bataille est déjà engagée, où sans aucun doute elle va devenir de plus en plus violente, c'est l'incompatibilité de l'esprit scientifique et de l'esprit religieux.
>
> Je ne dis pas incompatibilité de telle découverte scientifique avec telle doctrine religieuse. De ces antagonismes particuliers fut faite la polémique du XIX^e^ siècle. On s'y ingéniait, par exemple, à opposer telle théorie géologique à tel verset de la Bible. Mais ce furent là escarmouches isolées qui préparaient la grande mêlée. Celle-ci est beaucoup plus ample et le résultat auquel elle tend menace d'être beaucoup plus radical. Il s'agit de dénier à toute religion le droit de subsister, et cela au nom de toute la science. On prétend établir qu'aucun homme sensé ne saurait, en même temps, admettre la valeur de la science et croire aux dogmes d'une

religion ; et comme la valeur de la science s'affirme chaque jour davantage par mille inventions merveilleusement utiles, comme un esprit aveugle pourrait seul la révoquer en doute, c'en est fait de la foi religieuse.

Pour établir cette incompatibilité essentielle et absolue entre toute science et toute religion, on fait appel à l'analyse logique des méthodes par lesquelles l'une et l'autre se produisent.

La science, dit-on, prend pour fondement soit des axiomes qu'aucune raison ne peut nier, soit des faits qui ont toute la certitude du témoignage des sens ; tout ce qu'elle élève sur ces fondements est construit à l'aide d'un raisonnement rigoureux ; et par surcroît de précautions, l'expérience vient contrôler chacune des conclusions auxquelles elle aboutit ; l'édifice entier garde donc l'inébranlable solidité des premières assises.

Les dogmes religieux, au contraire, sont issus d'aspirations et d'intuitions vagues et insaisissables, qui naissent du sentiment et non point de la raison, qui ne se soumettent à aucune règle logique et ne sauraient, même un instant, soutenir l'examen d'une critique quelque peu rigoureuse.

Dès lors, ou bien l'on déclarera que tout ce qui a fait l'objet des dogmes religieux est absurde et dénué de sens, et l'on se contentera d'un positivisme étroit et absolu, bien voisin du grossier matérialisme qui en est comme une conclusion forcée. Ou bien l'on regardera cet objet, qui échappe aux démonstrations de la science, comme incapable d'être connu avec la moindre certitude ; on professera un agnosticisme pour lequel toute religion n'est qu'un rêve plus ou moins poétique et consolateur ; mais comment celui qui a éprouvé les fermes réalités de la science se laisserait-il encore bercer par un tel rêve ?

Cet antagonisme entre l'esprit scientifique et l'esprit religieux, on ne se contente pas de le mettre en évidence à l'aide de la logique. On veut encore que l'histoire du développement des connaissances humaines le fasse éclater aux yeux les moins clairvoyants. On nous montre comment toutes les sciences sont nées de la féconde philosophie hellénique, dont les plus brillants adeptes abandonnaient au vulgaire le soin ridicule de croire aux dogmes religieux. On nous dépeint avec épouvante cette nuit du Moyen Age pendant laquelle les écoles, asservies aux agissements du Christianisme, uniquement soucieuses de discussions théologiques, n'ont pas su recueillir la moindre parcelle de l'héritage scientifique des Grecs. On fait resplendir à nos yeux les éblouissements de la Renaissance où les esprits, libérés enfin du joug de l'Église, ont retrouvé le fil de la tradition scientifique, en même temps que le secret de la beauté artistique et littéraire. On se plaît à opposer, à partir du XVIe siècle, la marche toujours ascendante de la science, à la décadence, toujours plus profonde, de la religion. On se croit alors autorisé à prophétiser la mort prochaine de celle-ci en même temps que le triomphe universel et incontesté de celle-là.

Voilà ce qui s'enseigne dans une foule de chaires, ce qui s'écrit dans une multitude de livres.

Devant cet enseignement, il est temps que l'enseignement catholique se dresse, et qu'à la face de son adversaire, il jette ce mot : mensonge ! Mensonge dans le domaine de la logique, mensonge dans le domaine de l'histoire ; l'enseignement qui prétend établir l'irréductible antagonisme entre l'esprit scientifique et l'esprit chrétien, est le mensonge le plus colossal, le plus audacieux qui ait jamais tenté de duper les hommes.

Pour opposer la méthode qui conduit aux vérités scientifiques à la méthode qui mène aux dogmes religieux on décrit à faux l'une et l'autre de ces méthodes ; on les regarde toutes deux d'une manière superficielle et comme du dehors ; on s'empare de quelques caractères que devine cet examen rapide, et l'on en fait l'essence même des procédés que l'on prétend avoir analysés.

Combien ces méthodes se montrent différentes à celui qui les a réellement pénétrées jusqu'au cœur, qui a saisi, en chacune d'elles, le principe de vie ! Celui-là sait reconnaître à la fois ce qui donne de la variété à ces procédés et ce qui en fait l'unité. Partout, il voit une même raison humaine user des mêmes moyens essentiels pour parvenir à la vérité ; mais en chaque domaine, il voit cette raison adapter l'usage qu'elle fait de ces moyens à l'objet spécial dont elle veut acquérir la connaissance ; ainsi, à l'aide d'opérations communes qui constituent proprement notre intelligence, il voit suivre une méthode de la physique, une méthode de la chimie, une de la biologie, une de la sociologie, une de l'histoire ; car les mathématiques, la physique, la chimie, la biologie, la sociologie, l'histoire ont des principes différents et des objets différents et, pour atteindre ces objets, il faut, de points de départ divers, mais du même pas, suivre des routes différentes. Il reconnaît alors que pour aller aux vérités religieuses, la raison humaine n'emploie pas d'autres moyens que ceux dont elle se sert pour atteindre les autres vérités ; mais elle les emploie d'une manière différente parce que les principes dont elle part et les conclusions auxquelles elle tend sont différents. L'antagonisme que l'on avait dénoncé entre la démonstration scientifique et l'intuition religieuse disparaît à ses yeux, tandis qu'il perçoit l'harmonieux accord des doctrines multiples par lesquelles notre raison s'efforce d'exprimer les vérités des divers ordres.

Que dire de l'étrange histoire par laquelle on prétend confirmer ce qu'une analyse logique insuffisante avait affirmé à la légère ? Dès la naissance, la science hellène est toute imprégnée de théologie, mais d'une théologie païenne. La théologie enseigne que les cieux et les astres sont des dieux ; elle enseigne qu'ils ne peuvent avoir d'autre mouvement que le mouvement circulaire et uniforme qui est le mouvement parfait ; elle maudit l'impie qui oserait attribuer un mouvement à la terre, foyer sacré de la divinité. Si ces doctrines théologiques ont fourni quelques postulats provisoirement utiles à la science de la nature, si elles en ont guidé les premiers pas, elles sont bientôt devenues pour la physique ce que les lisières deviennent pour l'enfant : des entraves. Si l'esprit humain n'avait brisé ces entraves, il n'aurait pu en physique dépasser Aristote*, ni Ptolémée en astronomie.

Or, ces entraves, qui les a rompues ? Le Christianisme. Qui a, tout d'abord, profité de la liberté ainsi conquise pour s'élancer à la découverte d'une science nouvelle ? La scolastique. Qui donc au milieu du quatorzième siècle a osé déclarer que les cieux n'étaient point mus par des intelligences divines ou angéliques, mais par une impulsion indestructible reçue de Dieu au moment de la création, à la façon dont se meut la boule lancée par le joueur ? Un maître ès arts de Paris : Jean Buridan*. Qui a, en 1377, déclaré le mouvement diurne de la terre, plus simple et plus satisfaisant pour l'esprit que le mouvement diurne du ciel, qui a nettement réfuté toutes les objections élevées contre le premier de ces mouvements ? Un autre maître de Paris, devenu évêque de Lisieux : Nicole Oresme*. Qui a fondé la dynamique, découvert les lois de la chute des graves, posé les fondements d'une géologie ? La scolastique parisienne, en des temps où l'orthodoxie catholique de la Sorbonne était proverbiale dans le monde entier. Quel rôle ont joué, en la formation de la science moderne, ces libres esprits, tant vantés, de la Renaissance ? En leur superstitieuse et routinière admiration de l'Antiquité, ils ont méconnu et dédaigné toutes les idées fécondes qu'avait émises la scolastique du quatorzième siècle, pour reprendre les théories les moins soutenables de la physique platonicienne ou péripatéticienne. Que fut, à la fin du seizième siècle et au commencement du dix-septième siècle, ce grand mouvement intellectuel qui a produit les doctrines désormais admises ? Un pur et simple retour aux enseignements que donnait, au Moyen Age, la scolastique de Paris, en sorte que Copernic* et Galilée* sont les continuateurs et comme les disciples de Nicole Oresme et de Jean Buridan. Si donc cette science, dont nous sommes si légitimement fiers, a pu voir le jour, c'est que l'Église catholique en a été l'accoucheuse.

Tels sont les démentis, qu'en histoire comme en logique, il nous faut opposer aux affirmations mensongères partout répandues. Ne croyez-vous pas, mon Père, que ce serait l'un des rôles les plus importants, peut-être même le rôle essentiel, que le futur Institut de philosophie aurait à jouer ? Voilà pourquoi je me prends à penser que deux chaires seraient bien à leur place en cet Institut : l'une, consacrée à l'analyse des méthodes logiques par lesquelles progressent les diverses sciences, nous montrerait que l'on peut, sans contradiction, ni incohérence, poursuivre l'acquisition des connaissances positives et, en même temps, méditer les vérités religieuses. L'autre, suivant au cours de l'histoire le développement de la science humaine, nous amènerait à reconnaître qu'aux temps où les hommes étaient soucieux avant tout du royaume de Dieu et de sa justice, Dieu leur accordait par surcroît les pensées les plus profondes et les plus fécondes sur les choses d'ici-bas.

Me jugerez-vous bien osé de vous avoir ainsi communiqué mes souhaits ? Assurément non ; car vous savez que le seul souci qui me guide en cette affaire, c'est le désir de voir le règne de Dieu rétabli parmi nous ; et pour un tel objet, il n'est pas d'audace qui ne soit non seulement permise, mais ordonnée.

D'ailleurs, lorsqu'à la vue de l'anarchie intellectuelle où se débat, en ce moment, l'esprit humain, je crie vers Dieu : *Adveniat regnum tuum,* il me semble entendre votre prière qui fait écho à la mienne. Puissions-nous être exaucés ! C'est le vœu que je forme en vous offrant mes très respectueux hommages.

Pierre Duhem

A la fin de l'année universitaire 1893-1894, Duhem espérait enfin obtenir un poste à Paris. Il n'en fut rien. La correspondance alors très suivie entre Duhem et Painlevé indique clairement que la vive mise en cause des travaux de Berthelot en matière de thermochimie pèse encore sur le destin du maître de conférences de Rennes. C'est à Bordeaux que Duhem est nommé le 13 octobre 1894. Il fait part de sa déception à Jules Tannery alors sous-directeur de l'École Normale Supérieure. Ce dernier informe son ami Louis Liard*, directeur de l'enseignement supérieur, qui répond : « Dites à votre ami Duhem qu'il doit accepter. Il faut qu'il comprenne que Bordeaux est le chemin de Paris ».

CHAPITRE IV

# A la faculté de Bordeaux

## *Espoir déçu*

C'est à Bordeaux que Duhem est donc nommé le 13 octobre 1894. Devant le Conseil général des facultés de Bordeaux, présidé par le Recteur d'Académie et constitué de membres nommés (les doyens des quatre facultés, Médecine et Pharmacie, Droit, Sciences et Lettres) et de membres élus (2 professeurs par faculté), Bourciez, professeur à la faculté des lettres, membre élu, chargé du rapport général pour l'année 1894-1895, signale la nomination de Duhem :

« A la faculté des sciences la chaire de physique, précédemment occupée par M. Pionchon, a été dédoublée dans le courant de l'année en une chaire de physique théorique et une chaire de physique expérimentale : la première a été attribuée à M. Duhem et la seconde à M. Morisot, que la faculté a été heureuse de s'attacher ainsi tous les deux à titre définitif. »

Les conditions de ce dédoublement de chaire sont précisées et justifiées par Rayet, doyen de la faculté des sciences et directeur de l'Observatoire de Bordeaux-Floirac, rapporteur devant la même instance – le Conseil général des facultés – des travaux de la facultés des sciences.

« L'histoire de la faculté des sciences pendant la dernière année scolaire se résume en deux points : le dédoublement de la chaire de physique ; l'installation des cours élémentaires préparatoires au certificat d'études physiques, chimiques et naturelles dont doivent maintenant être pourvus les futurs élèves des facultés de médecine. Les progrès de la physique pendant le dernier quart du siècle ont depuis longtemps rendu son enseignement trop lourd pour un seul professeur, qui ne peut guère être à la fois assez mathématicien pour suivre dans toutes leurs conséquences analytiques les hypothèses qui semblent le mieux représenter les lois primordiales que l'expérience découvre, et assez expérimentateur pour indiquer utilement aux élèves l'art si difficile de combiner un instrument et d'étudier toutes les causes d'erreurs que peut amener son emploi. Ce n'est pas qu'il existe deux physiques, mais cette science est aujourd'hui assez vaste et assez certaine pour être enseignée à deux points de vue. La faculté avait depuis longtemps le désir d'avoir deux professeurs titulaires de physique ; elle a été assez heureuse pour voir, en décembre, la chaire unique, occupée par Abria, dédoublée en une chaire de physique théorique et une chaire de physique expérimentale. Nous avons tous éprouvé une grande satisfaction à voir définitivement attachés à l'Université de Bordeaux MM. Duhem et Morisot. »

En 1895-1896, le Conseil général des facultés devient Conseil de l'Université. La faculté des sciences où Brunel remplace Rayet au décanat est représentée par Hadamard et Duhem qui succèdent à Brunel et Millardet, ce dernier professeur de botanique. En 1896-1897, Hadamard était nommé maître de conférences à la Sorbonne ; Marchis, élève de Duhem, arrive à Bordeaux où il est nommé maître de conférences dans des conditions quelque peu confuses sur lesquelles on reviendra.

La faculté des sciences est représentée par trois membres élus au Conseil d'Université : Duhem, Millardet et Fallot, ce dernier étant professeur de géologie et minéralogie. En 1897-1898, le recteur Couat, appelé à faire valoir ses droits à la retraite, cède sa place à Bizos qui présidera le Conseil de l'Université jusqu'en 1903. Duhem, nommé officier de l'Instruction publique en juillet 1898 représente toujours la faculté des sciences avec Fallot. L'année suivante, Duhem disparaît du Conseil. Vèzes, récemment nommé à la faculté des sciences où il est chargé d'un cours de chimie industrielle, le remplace. Le rapport général sur l'état des facultés présenté par Camille Jullian, professeur d'histoire à la faculté des lettres, en 1898-1899, ne fait nullement référence à Duhem. Brunel, doyen de la faculté des sciences, chargé du rapport sur cette dernière, souligne dans son intervention les mérites de Vèzes, comme pour justifier son entrée inattendue dans le Conseil. L'arrivée de Marchis, la nomination de Bizos, comme recteur, l'exclusion – ou la démission ? – de Duhem, ne sont pas seulement, on le verra, de simples coïncidences.

Hors les publications que les actes du Conseil rappellent chaque année, aucune référence aux cours et à l'activité de Duhem n'apparaît dans les rapports présentés devant le conseil de l'Université. Il faut attendre 1904 – Bizos est mort depuis un an et remplacé par Thamin à la présidence du Conseil – pour que Gayon, rapporteur devant le Conseil d'Université de l'état de la faculté des sciences, cite les initiatives régionales de Duhem, cours publics s'adressant aux étudiants en sciences et en lettres, et vante les mérites de son collègue :

> « Les cours et conférences ont été faits avec zèle et suivis avec assiduité. Une mention spéciale est due à une heureuse innovation que nous devons à notre infatigable et éminent collègue M. Duhem. Dans une vingtaine de leçons consacrées à la *Théorie physique, son objet et sa structure,* il a intéressé non seulement les physiciens mais les philosophes. Aussi son cours a-t-il réuni à la fois des étudiants des deux Facultés, des professeurs de lycées et plusieurs de nos collègues de la Faculté des Sciences et de la Faculté des Lettres. Tous ses auditeurs rendent hommage à sa science, à sa clarté, à "son éloquence pressante et persuasive". Le cours de M. Duhem, publié dans la *Revue de philosophie,* paraîtra bientôt en volume. »

Ces indications font écho aux informations communiquées dans le rapport sur l'état général des facultés, présenté par Sigalas, professeur de la faculté de médecine :

« Les facultés des sciences et des lettres ont eu, cette année, dix-sept cours publics qui attirent ou des personnes de toutes conditions, désireuses de s'instruire agréablement dans les différentes sciences, ou des auditoires spéciaux, heureux de trouver là des enseignements qui leur sont pratiquement utiles. Je n'en citerai qu'un, parce qu'il constitue une heureuse innovation. Dans une vingtaine de leçons consacrées à la *Théorie physique, son objet et sa structure,* M. Duhem a intéressé non seulement les physiciens, mais les philosophes ; son cours a réuni à la fois des étudiants des deux facultés, des professeurs des Enseignements secondaire et supérieur et des amateurs. Ajoutons que ces leçons, publiées dans la *Revue de Philosophie,* paraîtront bientôt en volume. »

Ces références publiques aux travaux de Duhem marquent la fin d'une sorte de traversée du désert et sans doute le début d'une reconnaissance explicite de la valeur du physicien. Dès lors, Duhem est convaincu qu'il terminera sa carrière à Bordeaux. Ce n'est qu'en 1901 qu'il comprend que, bien qu'élu, dès 1900, membre correspondant de l'Académie des sciences pour la section mécanique, il resterait encore longtemps dans ce qu'il appelait lui-même « une sépulture honorable », c'est-à-dire à la faculté des sciences de Bordeaux. C'est en effet le 3 juillet 1901 que Duhem tente une dernière fois par une intervention personnelle auprès de Louis Liard, alors vice-recteur de l'Académie de Paris, d'obtenir un poste à la Sorbonne.

Bordeaux, 3 juillet 1901.

Monsieur le Directeur,

Lorsque vous m'avez fait l'honneur de me nommer à Bordeaux, j'hésitais à accepter : « M. Duhem devrait comprendre, avez-vous dit à ce moment à M. Tannery, que c'est le chemin de Paris ». Sur ce chemin, je viens de faire une marche de sept années. Jusqu'ici, je ne me suis jamais plaint de sa longueur, et je n'ai rien fait pour l'abréger. Deux fois j'ai été sollicité par diverses personnes de faire acte de candidat : lorsque la mort de M. Tisserand, puis la mort de M. J. Bertrand ont amené les vacances de la chaire de mécanique physique à la Sorbonne et de la chaire de physique mathématique au Collège de France ; je n'ai pas voulu suivre ce conseil, et je me suis rangé de bon cœur pour laisser passer mes aînés, MM. Koenigs et Brillouin* ; je n'ai pas voulu non plus, malgré la supériorité non douteuse de mes titres sur ceux des candidats, demander le cours de chimie physique qu'avait occupé M. Robin ; je comprenais que certaines polémiques, qu'il avait été de mon devoir de soutenir, et sans lesquelles l'enseignement français ne serait peut-être pas entré dans les véritables voies de la Mécanique chimique, rendaient difficile ma nomination. Mais aujourd'hui je crois pouvoir, sans forfanterie, considérer que mon tour est venu, et je viens vous demander de songer à moi lorsqu'un poste auquel je sois propre se trouvera vacant.

Je ne me ferai pas moi-même juge de mes titres dans l'enseignement. Je me permettrai seulement de vous rappeler que dans l'espace de cinq ans, huit thèses de doctorat, issues de cet enseignement, ont été soutenues à Bordeaux, par MM. Monnet, Pélabon, Marchis, Turpain, Saurel, Lenoble, Chevallier, Caubet. M. Saurel était venu de New York pour suivre mes leçons. Je n'apprécierai pas davantage mes travaux scientifiques ; dans la seule année 1900, l'Université Jagellonne de Cracovie, en me conférant le doctorat *honoris causa* à l'occasion de son cinquième centenaire, la Société hollandaise des Sciences de Haarlem, en me donnant le titre d'associé étranger, enfin l'Académie des sciences, en me nommant correspondant dans la section de mécanique, ont rendu à mes travaux un témoignage que vous jugerez sans doute suffisant.

Ce qui m'a aidé à attendre jusqu'ici que vous vouliez bien m'ouvrir une des chaires de la capitale, c'est mon vif désir de me rendre utile à l'Université bordelaise et à sa faculté des sciences. Au Conseil de l'Université, je me suis fait le défenseur d'un grand nombre d'initiatives et j'ai eu la joie de contribuer au succès de plusieurs, jusqu'au jour où l'invraisemblable et injuste violence de M. Bizos m'a obligé à sortir de ce Conseil ; à la Faculté, je n'ai cessé de multiplier les leçons de toute espèce bien au-delà de ce qu'exigeait mon devoir professionnel, de proposer une foule de doctrines qui n'avaient jamais pris place dans l'enseignement, de stimuler le zèle de nos jeunes travailleurs. Aujourd'hui, je suis obligé de constater avec douleur que mes efforts seraient vains désormais et que la faculté des sciences de Bordeaux entre dans une irrémédiable décadence...

Aussi la population scolaire disparaît-elle rapidement. Cette année M. Marchis et moi avons dû donner tous nos cours de licence devant un seul étudiant et nous ne savons si l'année scolaire prochaine ne nous laissera pas devant des bancs vides.

Si, du moins, à défaut de candidats à la licence et à l'agrégation, il nous restait la possibilité de presser nos préparateurs et nos chefs de travaux vers le doctorat ! Mais ceux dont le cerveau, vide d'idées, n'a jamais pu faire germer une thèse, ne songent qu'à arrêter l'impulsion donnée par quelques-uns d'entre nous.

**La première faculté des sciences** de Bordeaux (jusqu'en 1886).

Hier, quelques-uns de nos chefs de travaux, docteurs et chargés depuis plusieurs années de donner des conférences complémentaires, demandaient à recevoir le titre de « chargés d'un cours complémentaire », qui, sans accroître leur traitement, leur eût permis, du moins, d'entrer officiellement dans le corps enseignant de la faculté. A leur tête se trouvait M. Caubet, dont les conférences de physique sont un des étais qui empêchent le P.C.N.[1] de crouler. M. Caubet a soutenu récemment une thèse d'une grande importance et la soutenance a été exceptionnellement brillante. Le Conseil de la faculté, malgré les efforts de quelques-uns d'entre nous, n'a même pas voulu examiner les titres de ces messieurs, et a décidé qu'aucune démarche de nature à introduire de nouveaux membres à l'Assemblée de la faculté ne serait tentée.

Ce vote, dicté par de mesquines considérations électorales, a mis le comble aux dégoûts que me cause l'état actuel de la faculté des sciences de Bordeaux. Il m'a décidé à m'adresser à vous, à vous supplier de m'appeler sur un théâtre où mon activité puisse produire quelque effet utile, avant que cette activité n'ait été tuée par le découragement.

1. P.C.N. : certificat de sciences physiques, chimiques et naturelles.

**La nouvelle faculté des sciences** de Bordeaux (vers 1900).

La supplique du professeur de physique théorique de la faculté des sciences de Bordeaux demeurera sans effet. Duhem est condamné à rester à Bordeaux et de fait y restera jusqu'à sa mort en 1916.

## *L'essor de l'Université bordelaise*

Pourtant, les premières années réservent à Duhem quelques satisfactions. La faculté des sciences, composante d'une université en plein développement, connaît un essor important. Dans cette métropole, les responsables universitaires et municipaux ont la volonté de créer des structures d'enseignement supérieur de qualité. Cette volonté s'appuie sur une tradition fort ancienne et une histoire riche dont il est utile de rappeler quelques éléments.

Il existait à Burdigala, dès le premier siècle de notre ère, une université. Mais la création de l'Université de Bordeaux date réellement de 1441. Le 7 juillet de cette année-là, cinq facultés sont constituées par décision de l'archevêque Pey-Berland : une faculté de théologie, une faculté de droit canon, une faculté de droit civil, une faculté de médecine et une faculté des arts. Elles sont maintenues jusqu'aux événements de 1789. Le 15 septembre

1793, un décret de la Convention supprime ces facultés et les enseignements correspondants. En 1809, au moment de la création de l'Université de France, Napoléon Ier accorde à Bordeaux 3 facultés : Théologie, Lettres et Sciences. La faculté des lettres sera supprimée par la Restauration en 1816 puis rétablie en 1838. La faculté de théologie disparaîtra en 1885. Bien que la création de la faculté des sciences date, sur le papier, de 1809, elle resta un lieu de collation de grades et ne fut réellement instituée qu'en 1838 par ordonnance royale du 24 avril. Elle compte à l'époque 7 chaires : Mathématiques pures, Astronomie et Mécanique rationnelle, Physique, Chimie, Zoologie et Physiologie animale, Botanique, Minéralogie et Géologie.

Des modifications sont ensuite apportées à la répartition et aux intitulés des chaires. Ainsi, la chaire d'astronomie physique liée à la création de l'Observatoire est créée en 1876. Le rattachement de l'Observatoire à l'Université sera réalisé le 1er janvier 1900. Le développement de la faculté des sciences entraîne la création de postes supplémentaires et son installation dans de nouveaux locaux en 1886, cours Pasteur. C'est dans ce mouvement général de l'Université, illustré notamment par la création récente de la faculté de médecine en 1888, que s'inscrit l'effort mené par des responsables de la faculté des sciences, effort destiné à doter Bordeaux d'un potentiel de recherche et d'enseignement supérieur digne d'un passé prestigieux.

Le développement universitaire de Bordeaux ne saurait être dissocié de l'essor général des activités industrielles et économiques de la France et, plus précisément, de l'Aquitaine. L'engagement des édiles, par exemple, en matière universitaire, au cours de la deuxième partie du XIXe siècle, témoigne d'une idéologie de confiance et d'espoir dans le progrès sous toutes ses formes. C'est au cours de cette période, en 1874 également, que sera créée l'École de Commerce et d'Industrie sous l'égide de la Société philomatique de Bordeaux. Cette École devait devenir plus tard l'École Supérieure de Commerce. D'autres initiatives illustrent les efforts consentis par Bordeaux pour s'assurer un grand rayonnement en matière scientifique. Ainsi, le premier Congrès de l'Association française pour l'Avancement des Sciences, fondée en 1872 sous l'impulsion de A. Wurtz*, de Quatrefages*, membres de l'Institut, et d'A. Cornu*, professeur à l'École polytechnique, et dont le premier président fut Claude Bernard*, eut lieu du 5 au 12 septembre de la même année à Bordeaux. Dans le Comité local d'organisation, on relève les noms de nombreux professeurs de la faculté des sciences parmi lesquels : Abria, doyen, Baudrimont, professeur de chimie, Lespiault, professeur de mécanique et d'astronomie, etc., ainsi que Lescarret, président de la Société philomatique. A ce développement de la faculté des sciences correspond une augmentation sensible de l'effectif des étudiants inscrits. De 1890 à 1916, leur nombre passe d'une centaine à 450, la progression la plus forte se situant entre 1890 et 1905.

Entre 1894 et 1916, période au cours de laquelle Duhem vit et travaille à Bordeaux, la faculté des sciences a connu cinq doyens : Rayet de 1893 à 1896, Brunel de 1896 à 1900, Gayon de 1900 à 1905, Padé de 1905 à 1908, Picard de 1908 à 1918. En 1898, c'est-à-dire quatre ans après l'arrivée de Duhem à Bordeaux, le corps enseignant de la Faculté était constitué de dix professeurs et de trois professeurs adjoints : doyen : Brunel, professeur de calcul infinitésimal ; professeurs : Pérez, zoologie et physiologie animale ; Millardet, botanique ; Rayet, astronomie physique ; Gayon, chimie ; Joannis, chimie industrielle ; Fallot, géologie et minéralogie ; Duhem, physique théorique ; Gossard, physique expérimentale et Tannenberg, mécanique ; professeurs adjoints : Kunstler, Picard et Vézes.

On comprend que Duhem ait, dans un premier temps, en dépit des regrets provoqués par une situation d'« exilé », participé, non sans enthousiasme, à cette dynamique de « régionalisation » universitaire. Il tente d'intéresser le public bordelais aux activités de l'Université. Les articles de Duhem, dans la *Revue philomatique* de Bordeaux, témoignent de cette volonté de donner à l'Université un rôle moteur dans la vie intellectuelle, culturelle, industrielle et économique du pays et de la région. Le physicien y écrira, entre 1897 et 1900, cinq articles dans lesquels il développe ses idées sur la science, ses rapports avec la technique, l'organisation de la recherche en France, la promotion de la chimie physique et le rayonnement nécessaire de la Science française. Il manifeste ses craintes devant l'évolution de la chimie en France et son sentiment de voir la Science dans son ensemble sérieusement éprouvée par cette stagnation : dans l'article « Usines et Laboratoires », publié le 1er septembre 1899 dans la *Revue philomatique,* Pierre Duhem s'insurge contre l'insuffisance de moyens attribués à la recherche scientifique en général et à la recherche effectuée dans l'Université de Bordeaux en particulier. Il dénonce le fait qu'un chercheur dont il dirige les études ait été conduit à travailler dans un local obligeamment mis à sa disposition par un industriel, tout en reconnaissant néanmoins que ces conditions particulières présentent de nombreux éléments favorables, notamment l'incitation à ne jamais séparer le « vrai » de l'« utile » :

> « Que le physicien sorte [...] de son laboratoire, qu'il franchisse le seuil de l'usine et de l'atelier en conservant son esprit théorique face à l'esprit commercial de l'industriel... L'usine sauvera le

laboratoire de sa stérilité byzantine : au laboratoire de garder l'usine contre l'empirisme et la routine. »

Et il assigne à l'Université une nouvelle mission, celle de « répondre à l'attente des ingénieurs et des praticiens qui, au pied des chaires d'Université, recevront les éléments théoriques indispensables à leur perfectionnement. » Il déplore que l'Université ne soit pas préparée à ce rôle... « L'Université a ses snobs », dit-il et il pense déjà à la manière dont la collaboration pourrait s'établir entre ces deux mondes, la recherche et l'industrie. Il faudrait, indique Duhem, que les laboratoires soient des « logis souples », afin d'éviter que de « palais aujourd'hui » ils se transforment en « carcans demain » et en « tombeaux après-demain ».

On doit souligner l'actualité de ces propositions et l'intelligence prémonitoire des questions abordées. Remarquable également le souci de promouvoir la chimie physique (*Revue philomatique,* mai et juin 1899, « Une science nouvelle : la chimie physique ») dont il souligne l'intérêt. Il déplore que « la France reste en dehors », alors que les pays modernes gardent de nombreux centres de recherches dans cette discipline : l'Allemagne à Goettingen avec Nernst* et à Leipzig avec Ostwald notamment, la Hollande avec Van't Hoff* et Roozboom, les États-Unis avec Bancroft et Trevor, élèves de Gibbs. Duhem exprime son inquiétude devant cette situation qui « met en péril et les intérêts de la Science française et les intérêts généraux de la pensée ». Et il prévoit à terme des « difficultés industrielles » pour notre pays. Il accuse les « pontifes de la Science officielle en France » de « laisser flétrir la plante crue sur notre sol »... Il insiste sur la nécessité, face « aux savantes et rigides théories allemandes et à l'esprit positif des Anglais », de maintenir « le règne de l'esprit classique ».

Il s'efforce d'obtenir que l'on rompe avec les habitudes centralisatrices de l'Université française, en donnant par exemple aux étudiants la possibilité de présenter leur thèse de doctorat d'état dans des facultés de province. C'est en effet à Bordeaux que ceux dont Duhem dirigea les travaux ont finalement soutenu leur thèse. Ce fut le cas de Monnet, Pélabon, Marchis, Lenoble...[1] tous élèves de Duhem. Ce fut aussi le cas de Paul Saurel, qui, venant de New York, soutint à Bordeaux, grâce à Duhem, une thèse d'université en juin 1900. Duhem tint d'ailleurs à donner à cette soutenance un lustre

1. Un échange de lettres entre Gosselet* et Duhem montre à quel point de telles initiatives étaient mal jugées. Dans une lettre datant de novembre 1897, Gosselet conseille à Duhem d'abandonner l'idée de faire soutenir la thèse de Pélabon à Bordeaux et de choisir Paris. Duhem obtiendra, malgré tout, que la soutenance ait bien lieu à Bordeaux.

particulier, d'abord parce qu'il considérait que c'était un honneur pour l'Université de Bordeaux, ensuite parce que le travail présenté par le professeur américain, à partir des travaux de J.W. Gibbs, correspondait tout à fait aux orientations scientifiques que le physicien français souhaitait promouvoir dans notre pays, enfin parce que c'était la meilleure manière, disait-il, d'assurer le maintien du renom et de la gloire de l'Université française dans le monde. Il faut, disait-il, que la nation américaine prenne l'habitude de « faire initier dans notre vieille Europe les futurs enseignants des Universitys (sic) américaines au culte de l'idée ». Il regrette les difficultés rencontrées par les étudiants étrangers à préparer des thèses en France.

Et, mettant en garde les universitaires contre l'envahissement des théories, méthodes et livres allemands au détriment des ouvrages français, Duhem s'écrie : « A bref délai, le savoir humain serait une Babel, si la France n'y maintenait le règne de l'esprit classique. »

Il semble que le physicien n'ait pas réussi à convaincre ses collègues de la faculté du bien-fondé de ses vues. Ceux-ci adoptèrent à son égard une attitude poliment réservée. Il faut dire que Duhem n'avait pas attendu bien longtemps, pour manifester ses exigences à Bordeaux et pour affirmer des positions publiques que ses collègues considérèrent comme de véritables provocations. Exigences dans l'Université d'abord. A la fin de l'année 1896, Duhem apprend qu'une chaire se libère, pour le début de l'année universitaire suivante à la suite de la mort d'un professeur (M. Morisot). Il décide de faire nommer à Bordeaux un de ses anciens étudiants de Lille, Léon Marchis (chargé de cours à l'Université de Caen où il terminait une thèse sous la direction de Duhem). Mais Marchis n'est pas docteur et risque d'être éliminé au profit d'un candidat docteur. Duhem écrit à Rayet, doyen de la faculté, qui demande à Liard, directeur de l'Enseignement supérieur, de nommer Marchis. Pour que l'opération réussisse, il ne faut pas qu'un candidat docteur se présente. C'est pourquoi Duhem écrit à Meslin (qui fut son camarade de promotion à l'E.N.S.), candidat alors en poste à Montpellier, pour obtenir son désistement. Lorsque Rayet est informé de cette manœuvre, il reproche vivement à Duhem de l'avoir quelque peu manipulé et surtout d'avoir écrit à Meslin afin de faire place nette pour pouvoir nommer Marchis. Rayet n'apprécie pas le procédé. L'opération réussit pourtant. Le protégé de Duhem est nommé mais les collègues de la faculté, notamment Rayet, reprochent au jeune physicien les méthodes utilisées.

Cette affaire semble avoir laissé quelques traces dans les rapports de Duhem avec ses collègues de l'Université. Elle n'est

**A l'affichette antidreyfusarde** répond une **affichette dreyfusarde** symétrique qui va jusqu'à reprendre les mêmes slogans « Vive l'armée », « A bas les traîtres » alors que la gauche dreyfusarde était habituellement d'un antimilitarisme virulent.

sans doute pas étrangère à l'éviction, fin 1898, de Duhem du Conseil de l'Université de Bordeaux, dont il était membre depuis 1895. Il y avait été élu avec Hadamard pour y représenter la faculté des sciences.

## *Duhem antidreyfusard*

Accusé de haute trahison, le capitaine Alfred Dreyfus fut condamné, dégradé et déporté en Guyane en décembre 1894 : pendant douze ans, jusqu'à juillet 1906, date de la réhabilitation de

**Dans les années 1870,** la propagande monarchiste ne se lasse pas de caricaturer la République en une sorte d'hydre sanglante. La violence des antidreyfusards ne se comprend pas hors de cette tradition.

Dreyfus, l'Affaire déchaîne les passions en France. Même si les contours des deux camps qui s'affrontèrent alors ne sont pas toujours aussi précis qu'on le croit généralement, les forces politiques qui se cristallisèrent autour de la défense de Dreyfus ou de sa condamnation marquent la naissance de la gauche et de la droite modernes, jusque-là définies surtout par l'opposition des républicains et des monarchistes. Duhem se détermine publiquement dans le camp des antidreyfusards, allant jusqu'à envoyer son obole et donner son nom à l'occasion de la souscription ouverte en décembre 1898 par le journal de Drumont* *La Libre Parole*, pour permettre à la veuve du colonel Henry* de poursuivre en justice Joseph Reinach*, collaborateur de Gambetta, puis directeur du journal *La République Française,* militant pour la révision du procès Dreyfus.

Duhem participe à l'organisation de la Ligue de la Patrie française animée par deux professeurs, Louis Dausset* et Gabriel Syveton*. La création de la Ligue de la Patrie française répond à celle de la Ligue des Droits de l'Homme, regroupant des dreyfusards, fondée le 17 février 1898. Paul Painlevé compte parmi les adhérents de la première heure de la Ligue des Droits de l'Homme.

Dès lors, les relations entre Duhem et Painlevé vont se dégrader. Un appel en faveur de l'armée, publié le 31 décembre 1898, signé par vingt-deux académiciens, de nombreux membres de l'Institut, professeurs au Collège de France et des professeurs d'Université, porte également la signature de Duhem (voir Annexes). On assiste chez les intellectuels, comme dans la population, à l'affrontement des deux courants qui, au-delà de l'Affaire, opposent deux France aux contours parfois surprenants. En ce qui concerne Duhem, l'engagement dans le camp des antidreyfusards se situe dans la logique de ses positions antirépublicaines et nationalistes, qui le conduiront à l'antisémitisme par hostilité à l'égard de la République.

Au cours de cette même période, les dispositions prises par les gouvernements successifs à l'encontre des établissements d'enseignement des congrégations religieuses entraînent Duhem à s'opposer avec vigueur aux autorités en place. Le physicien manifeste publiquement son hostilité à l'égard de tous les aspects de la politique menée depuis les débuts de la III^e^ République, notamment en matière scolaire. Les dispositions prises par le ministère Combes, soutenu par une Chambre nettement anticléricale (élections de 1902), se heurtent au mécontentement et aux vives réactions de la hiérarchie catholique (rupture des relations avec le Saint-Siège en 1904) et de ses partisans. Duhem adopte sur ce terrain une attitude militante illustrée notamment par la publication dans *Le Nouvelliste,* le 28 juin 1899, d'un discours tenu dans le cadre d'une réunion de l'Association amicale des anciens Élèves de l'École et de l'Institution Sainte-Marie. Cette manifestation, considérée comme inopportune par l'administration rectorale, fait l'objet d'un rapport du recteur au ministre de l'époque, consigné dans le dossier de fonctionnaire de Pierre Duhem. Ce document illustre les relations orageuses qu'entretient le savant avec les autorités académiques. Dans le rapport le concernant pour l'année universitaire 1899-1900, le recteur de l'Académie de Bordeaux, Bizos, parle de « catholique de l'école la plus intransigeante, compagnon assidu des moines et des congrégations, élément de discorde ». En 1901-1902, Duhem est considéré comme un « esprit scientifique au jugement quelquefois erroné dans la vie pratique ». Dans le rapport de 1902-1903 établi le 23 avril 1903, le recteur Bizos souligne « la malignité inquiète et remuante [de cet] ennemi déclaré de l'administration académique, militant des œuvres ultramontaines et cléricales, perpétuel brandon de discorde, au caractère fanatique et entier [incitant]... par la fougue de ses passions à la haine politique et religieuse » et le document conclut : « Monsieur Duhem portera la guerre partout où il ira ». Ces jugements témoignent de la violence des affrontements et également du caractère parfois difficile d'une forte personnalité, n'hésitant jamais à l'engagement, voire à l'emportement, pour défendre le « bon droit ».

Duhem a laissé dans la mémoire de ceux qui l'ont connu une image contrastée faite à la fois d'élans généreux et de colères souvent féroces. Cette versatilité et ces réactions souvent imprévisibles plaçaient ses interlocuteurs et naturellement les candidats au baccalauréat qu'il interrogeait chaque année à l'oral dans des situations souvent difficiles, pour ne pas dire terrorisantes. Le professeur Flottes qui anima jusque dans les années 70 les amphithéâtres de la faculté des lettres de Bordeaux et qui eut le privilège de rencontrer Pierre Duhem à la suite de son succès à l'École Normale Supérieure – il était alors étudiant en littérature à Bordeaux – raconte que l'on allait assister aux oraux du Professeur Duhem comme on allait au spectacle. Il rapporte également l'incident dont il fut le témoin lors d'une de ces interrogations. Cela se passait en juillet 1914. Devant le silence gêné d'un candidat, Duhem explose et prend prétexte du fait que le jeune lycéen, originaire de Pau, est élève d'un établissement d'enseignement public pour se lancer dans une violente diatribe contre la République, concluant ainsi : « Ah, si je tenais votre professeur ! ». Le professeur en question était présent dans l'amphithéâtre où se déroulait l'interrogation. Il s'avance et dit : « Le professeur, c'est moi ! ». Les deux hommes en viennent aux mains. Finalement, plainte est déposée par le professeur palois auprès du recteur Thamin..., puis retirée afin d'éviter de graves ennuis à Duhem, au prix d'une promotion que l'on accorde rapidement à la victime.

Paradoxalement, Duhem savait être « absolument charmant », « rendant justice à ses adversaires » et faisant honneur à leurs travaux. Ainsi Daudin, professeur de philosophie générale et enseignant la méthode dans les sciences à Bordeaux, passait pour marxiste et par conséquent était considéré comme un adversaire résolu de Duhem. Cela n'empêchait nullement Duhem de rendre hommage aux travaux de Daudin.

Que conclure enfin de cette remarque plutôt comique de François Mauriac qui, dans *Le mystère Frontenac* mentionne Duhem de curieuse manière : « Duhem dont on ne connaissait pas le nom, sauf aux heures d'angoisse, quand il s'agissait de pistonner quelque imbécile pour le bachot... » ? Faut-il y voir la preuve d'une indulgence toute chrétienne du professeur ou bien le témoignage de l'ignorance coupable de Mauriac peu ou mal informé de la réputation de Duhem ?

Le temps, les changements intervenus dans la société française, et les travaux de Duhem dont la qualité était reconnue davantage hors des frontières que dans la communauté scientifique française, améliorèrent peu à peu les relations avec l'administration rectorale

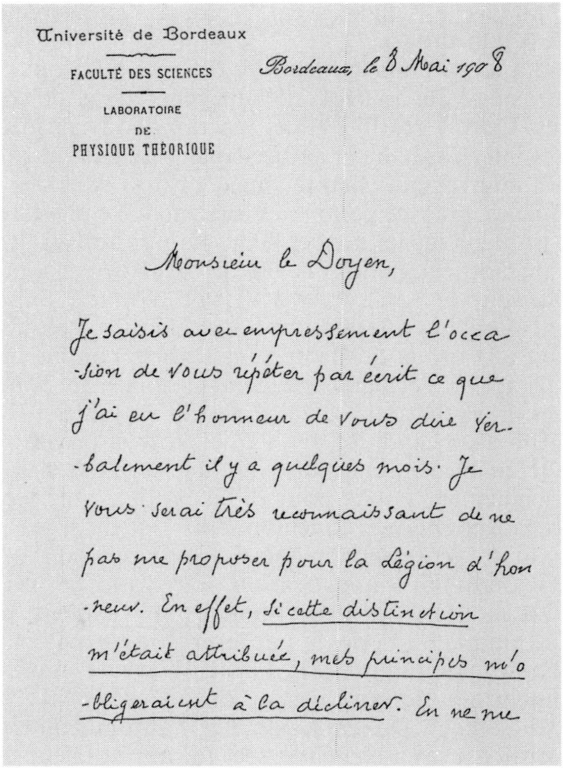

Université de Bordeaux

FACULTÉ DES SCIENCES

LABORATOIRE DE PHYSIQUE THÉORIQUE

Bordeaux, le 8 Mai 1908

Monsieur le Doyen,

Je saisis avec empressement l'occasion de vous répéter par écrit ce que j'ai eu l'honneur de vous dire verbalement il y a quelques mois. Je vous serai très reconnaissant de ne pas me proposer pour la Légion d'honneur. En effet, si cette distinction m'était attribuée, mes principes m'obligeraient à la décliner. En ne me

**Lettre de Duhem** au doyen de la faculté des sciences pour refuser par avance la Légion d'honneur.

et les collègues de la faculté... Le rapport annuel de 1905-1906 établi par le recteur indique que « le caractère du savant s'adoucit avec l'âge ». Plus tard, après qu'il eut opposé en 1908 un refus hautain à la demande de Padé, doyen de la faculté des sciences, de le proposer pour la Légion d'honneur, Duhem accepte enfin la reconnaissance et les honneurs publics et officiels : « Ce savant de premier ordre, dont l'enseignement si apprécié à Bordeaux est digne d'un auditoire plus difficile », indique le rapport rectoral de l'année universitaire 1911-1912. En 1913, Duhem est élu membre de l'Académie des sciences. Cette distinction semble marquer en même temps que le couronnement d'une brillante carrière scientifique, l'heure de la réinsertion définitive de Duhem dans la communauté scientifique et dans la société françaises. D'ailleurs, depuis l'éclatement du bloc des gauches, consécutif aux difficultés rencontrées dans l'application de la loi de séparation de l'Église et de l'État, s'ouvre une période au cours de laquelle les divisions et oppositions vont s'atténuer. Le danger de guerre et la montée du nationalisme favorisent l'émergence d'une sorte de consensus qui explique l'empressement, voire l'enthousiasme de Duhem lorsque Darboux lui propose de poser sa candidature à l'Académie des sciences.

Le 5 mai 1913, Duhem est admis comme membre non résident de l'Académie. Son élection suit de quelques jours celle de Paul Sabatier, doyen de la faculté des sciences de Toulouse. Ainsi, après avoir connu des affrontements difficiles au plan scientifique comme au plan social, après l'isolement et l'hostilité que ses engagements avaient provoqués, Duhem retrouve, avec cette distinction, une certaine sérénité et des conditions favorables à la réalisation des immenses projets qu'il a déjà commencé à concrétiser. Malheureusement, la guerre et une mort prématurée ne permettront pas au savant d'atteindre les objectifs qu'il s'était assignés.

En 1913, Duhem acquiert donc une sorte de reconnaissance sociale. Cependant, il comprend que son élection à l'Académie ne signifie en rien le triomphe de ses idées, de ses travaux et de leurs orientations. La plupart des grands scientifiques de l'époque, les physiciens notamment, considèrent son œuvre de physico-chimie comme marginale, voire « inutile et vaine ». Seuls, des mathématiciens, comme Hadamard, Boussinesq*, semblaient apprécier la portée des travaux du savant. Duhem ne s'y trompe pas. Dans une lettre adressée à sa fille le 11 mai 1913, il écrit, désabusé : « Pour moi, ce titre fait l'effet d'une couronne que l'on dépose sur le cercueil où messieurs les physiciens m'ont cloué tout vivant ».

Duhem trouve à Bordeaux des conditions favorables à l'épanouissement de ses idées, de ses pensées et de ses travaux. Dès octobre 1895, il a fait modifier l'intitulé de la chaire de physique à laquelle il a été nommé, transformée en chaire de physique théorique, convenant mieux au titulaire du poste. Un regard attentif sur l'activité scientifique, mesurée par exemple par le nombre de publications retenues, notamment par l'Académie des sciences, illustre l'extraordinaire vitalité de Duhem au cours de ses premières années bordelaises, de 1895 à 1906. Plus de vingt-cinq publications en 1903 par exemple, dont douze figurant dans les *Comptes Rendus* de l'Académie des sciences, témoignent d'une rare fécondité. Assurément, Duhem, tout au long de sa carrière universitaire, a remarquablement travaillé. Les premières années passées à Bordeaux demeurent cependant les plus riches, d'abord par la diversité des recherches engagées, ensuite par la qualité des connaissances acquises. Cela suppose des conditions exceptionnelles et, malgré le noir tableau que brosse Duhem de la Faculté des sciences en 1901, dans la lettre adressée à Louis Liard, l'auteur de la *Théorie Physique* les a rencontrées à Bordeaux. Duhem habite rue de La Teste, à quelques centaines de mètres de la faculté. Il partage son temps entre son travail universitaire, les rencontres avec ses amis, notamment Albert Dufourcq, professeur d'histoire à la faculté des lettres de Bordeaux, et l'abbé Bergereau, avec lesquels Duhem fondera l'Association catholique des Étudiants de Bordeaux.

En dehors de ses relations avec la communauté catholique, Duhem se trouve engagé dans diverses initiatives. On retrouve son nom comme animateur d'un groupe dit « Groupe de Cabrespine », aux côtés de ceux de Pierre Peillaube, directeur de la *Revue de Philosophie* et grand ami du physicien, et d'un certain Jean Guiraud*, fondateur de *La Croix*. Faut-il voir là une des raisons qui ont conduit certains de ses successeurs à qualifier Duhem de fondateur de la théo-énergétique ? Naturellement Duhem manifeste son nationalisme lorsqu'éclate la guerre de 1914-1918. Il s'engage alors dans des associations civiles, tel l'Orphelinat aux Armées, qui viennent en aide aux veuves et aux orphelins. L'abbé Bergereau rapporte que Duhem, à Bordeaux comme à Cabrespine, tenait chez lui un « véritable secrétariat des familles », passant ses matinées du dimanche à inscrire les nouveaux orphelins et à distribuer les secours mensuels.

Comme la plupart des grands scientifiques français, Duhem participe à la diffusion des idées pour mobiliser le pays contre l'« agresseur allemand ». On assiste dès 1914 à un engagement de l'ensemble des secteurs de l'activité nationale dans la « lutte contre le boche », notamment dans la communauté scientifique. Dès le dernier trimestre 1914 par exemple, sont organisées à Paris des conférences de grands scientifiques. Violle, membre de l'Institut, traitera « du rôle de la physique à la guerre » le 10 décembre 1914 au Conservatoire national des Arts et Métiers. A Bordeaux, Duhem donne, dans le cadre des conférences organisées par l'Association des Étudiants catholiques, quatre leçons sur la *Science allemande* les 25 février, 4 mars, 11 mars et 18 mars 1915. A partir d'arguments déjà développés dans la *Théorie Physique* et adaptés à la nouvelle situation, Duhem militarise quelque peu la science et interprète son histoire à des fins purement nationalistes. C'est dans ce contexte et à cette occasion que Duhem donne son opinion sur la science allemande :

> « La science allemande et, surtout, l'histoire ne sont bien souvent que des arsenaux propres à justifier ses actes. Grâce à l'immense labeur de ses savants, de ses philosophes et de ses

historiens, l'Allemand a toujours sous la main, au moment de commettre un forfait, l'axiome à partir duquel un raisonnement solide lui démontrera qu'il fait bien. Des scélérats c'est le plus redoutable ; contre le remords, il a pris une assurance aussi certaine que deux et deux font quatre. »

Par bonheur le contenu de ces conférences ne se limite pas à ces affirmations. Faut-il voir, dans ces jugements excessifs, une forme de réponse aux affirmations chauvines d'un historien allemand qui écrivait en 1915 : « Il est faux que la science n'ait point de parti et qu'elle plane au-dessus des frontières. La science ne doit pas être cosmopolite ; elle doit être nationale, elle doit être allemande » ? Preuve que, dans un tel contexte, il était bien difficile de se protéger du nationalisme ambiant provoqué par la situation de guerre qui marqua les deux premières années d'un conflit dont Duhem ne verra pas la fin. Il meurt en effet brutalement le 14 septembre 1916, quelques jours après avoir mis fin à une dernière querelle qui l'opposait à un adversaire politique (parce que républicain), le directeur de *La Dépêche de Toulouse.*

## *Mort et éloge funèbre*

Il fallait bien que cette vie se terminât sur une dernière colère et un dernier sursaut de bonté. L'histoire vaut d'être contée. Le 29 juillet 1916, Pierre Duhem reçoit une lettre d'un professeur de la faculté de Toulouse, du nom de Brutails, lui demandant de recevoir un jeune étudiant toulousain intéressé par l'histoire de la physique. En réalité, le jeune Marcel Huc s'était adressé à Guitard, bibliothécaire de la ville de Toulouse. Brutails, sollicité par Guitard, avait orienté ce dernier vers Duhem. Le 4 août, Pierre Duhem accepte de recevoir Marcel Huc. Le 8 août, Guitard remercie Duhem et précise que l'étudiant est le fils d'Arthur Huc, directeur de *La Dépêche,* grand quotidien républicain. La réaction de Duhem ne se fait pas attendre. Dans une lettre datée du 9 août, Duhem répond à Guitard : « Il ne saurait me convenir d'entrer en relation avec le fils du directeur d'un journal qui fait, en France, aux heures que nous vivons, l'œuvre que l'on sait ». Et il ajoute : « Si donc, Monsieur Huc m'écrit, sa lettre restera sans réponse... Je vous serais très obligé de l'en avertir... ». Guitard transmet naturellement la lettre reçue de Duhem. Le 7 septembre, Arthur Huc écrit à Duhem, en lui faisant part de son indignation devant une telle attitude d'intolérance, incompatible « avec la nécessaire réserve d'un professeur d'une université de la République à l'égard des opinions des parents des étudiants ». Le 9 septembre, Duhem, revenu à de meilleurs sentiments, s'adresse cette fois à Guitard en indiquant qu'en dépit de la lettre de son père, « [il est] disposé à communiquer à Monsieur Huc, sur le manuscrit qui l'intéresse, les renseignements qu'il demande. » Le 10 septembre, *La Dépêche* publie en première page, sous le titre « Tolérance », la lettre écrite le 9 août par Duhem à Guitard et la réponse d'Arthur Huc datée du 7 septembre.

Pierre Duhem ne prendra pas connaissance du mot de Guitard reçu le 15 septembre à Cabrespine – le physicien est mort la veille – dans lequel le bibliothécaire de Toulouse le remercie d'accepter enfin de recevoir Marcel Huc. Il n'est pas interdit de penser que la publicité donnée à cette affaire à l'occasion de la publication simultanée des lettres le 10 septembre, en première page dans un quotidien largement diffusé dans la région, y compris à Cabrespine, ait provoqué chez cet homme plein de contradictions un choc assez brutal pour rapprocher l'issue d'un mal dont les fameuses colères de Duhem ne constituaient probablement qu'une des formes. Triste épilogue d'une pénible et peu glorieuse affaire dans laquelle Duhem exprime, à sa manière et de façon assurément excessive, ses choix fondamentaux.

Deux mois après sa mort, le 19 novembre 1916, l'abbé Bergereau prononce à la messe des étudiants un hommage à la mémoire de Duhem. Les larges extraits rapportés ici corrigent quelque peu l'image bien partielle que l'« anecdote Huc » risquerait de laisser de ce grand scientifique :

> « Qui eût pensé, en juillet dernier, lorsque nous disions au revoir à ce maître dont le concours nous était si précieux, dont la science faisait notre orgueil, et dont la foi soutenait la nôtre, que nous ne le reverrions plus ici-bas ? Dans son extrême modestie, il avait beau ne vouloir être qu'un "vieil étudiant", nous nous obstinions tous à le trouver fort jeune, d'une jeunesse que nous nous flattions parfois de lui avoir fait recouvrer au contact de la nôtre. Il suffisait de le voir, au milieu de nous, avec son attitude si simple et pourtant si imposante, où se peignait une vigueur physique peu commune, avec son magnifique regard, où transperçait la puissance de son intelligence, la fière indépendance de son caractère, la franche et forte bonté de son âme, avec son entrain, sa gaîté, sa verve intarissable, pour oublier que sa barbe était blanche, et même qu'il avait passé la cinquantaine. Aussi comptions-nous bien le conserver longtemps encore. Que dis-je ? Habitués, comme nous l'étions, à le voir au milieu de nous, l'idée ne nous venait même pas que nous pourrions un jour le perdre.

Il était, en effet, de toutes nos réunions. Ne lui est-il pas arrivé de partir de Paris le samedi soir, se privant ainsi d'un jour de vacances qu'il aurait pu passer auprès de sa fille, pour ne pas manquer notre messe du lendemain ? A nos cercles d'études, où ces derniers temps surtout il se faisait un devoir d'assister, avec quelle exquise bienveillance il écoutait les pauvres conférenciers que nous sommes et, sur chaque question, puisant dans les trésors de sa science, que de choses il avait toujours à dire, et si mesurées, et si lumineuses et si piquantes ! Qui ne l'a pas admiré venant les jours de communion s'agenouiller à nos côtés à la table sainte ? A chacun de nos banquets il avait sa place ; et, comme il y redevenait vite le normalien, tout pétillant d'esprit, qu'il avait été autrefois ! Il n'est pas jusqu'à nos excursions dont il ait toujours voulu être. Vous n'avez pas oublié le délicieux compagnon qu'il fut à Verdelais le jour de l'Ascension. D'un pas joyeux et allègre, riant avec l'un, discutant avec l'autre, sur la route de Langon à Verdelais, il gravit le matin les coteaux de la Garonne, puis les redescendit le soir. C'était à qui se glisserait auprès de lui. Chacun l'eût voulu pour soi seul.

[...] A dire vrai, il nous est bien arrivé de songer que nous pourrions le perdre. Il était du très petit nombre de ceux qui, dépourvus d'ambition, vont, malgré leur mérite, s'asseoir modestement à l'extrémité de la table. De voir que le maître de la maison ne s'approchait jamais pour lui dire : "Mon ami, je connais qui vous êtes ; votre place n'est pas là : montez plus haut", cela nous indignait. L'injuste conspiration du silence qui, en France, semble s'être attachée à son nom, nous était insupportable. Sans doute, il y a quelques années, l'Institut s'était honoré en lui ouvrant ses portes. Mais cela ne nous paraissait pas suffisant. Alors, nous rêvions du jour où l'étranger, souvent moins injuste que nous envers certains de nos grands hommes, nous imposerait, comme c'est arrivé pour d'autres, cette réputation que, depuis longtemps, il avait consacrée. Nous rêvions du jour où le Collège de France, revenant à ses traditions d'abriter nos vraies gloires, n'oublierait plus l'histoire des sciences, que, depuis la mort de Tannery, il était seul à pouvoir enseigner. Nous rêvions du jour où, appelé à Paris, il y représenterait si bien la pensée française, et son étoile y brillerait d'un éclat aussi beau que celle d'un Poincaré. A ce départ, oui, nous avons pensé ; bien plus, malgré la perte qu'il nous eût occasionnée, du fond du cœur nous l'avons souhaité, sans oser trop, hélas, l'espérer. Mais à l'autre, jamais ! C'était oublier qu'en face de la destinée les plus grands d'entre nous ne sont que de pauvres hommes. C'était compter sans les surprises de la mort, sans la menace évangélique : "je viendrai à vous comme un voleur".

Au début des vacances, comme il le faisait chaque année, il partit pour Cabrespine. Là-bas, il retrouvait avec la vieille maison de sa mère, sa fille, c'est-à-dire à peu près tout ce que Dieu lui avait laissé de famille. Infatigable marcheur, il parcourait, en tous sens, ses belles montagnes, pour lesquelles il avait un véritable culte. Et, au cours de ses promenades, il s'arrêtait volontiers pour dessiner, avec un talent qui eût pu faire de lui un artiste, quelque paysage dont la beauté l'avait frappé, et sur lequel son regard s'était posé avec amour. Ainsi le petit musée qu'était sa demeure s'enrichissait sans cesse de nouvelles œuvres signées de sa main.

Rentré chez lui, il partageait son temps entre la composition de ses livres, la correction des épreuves, la préparation éloignée de ses cours. En plus, cette année, il pensait à l'un de nos prochains carêmes. Le succès de ses conférences sur la science allemande nous avait fait lui en demander de nouvelles.

C'est le 2 septembre qu'il ressentit sérieusement les premières atteintes du mal. Au retour de sa promenade habituelle, il a manifesté son étonnement d'avoir, en route, été contraint de se reposer. La nuit suivante, une terrible crise cardiaque se déclara. Pour ne pas jeter l'émoi dans le cœur de sa fille, il ne voulut point appeler. Mais le matin, malgré son silence, des larmes trahissaient sa souffrance. C'est à peine s'il pouvait parler. Quand on lui demandait s'il souffrait beaucoup, au lieu de se plaindre, il se contentait de répondre : "Je fais ma guerre". Dès sa première visite, le médecin ne cacha pas la gravité du mal. "C'est, dit-il, de l'angine de poitrine". Le malade reçut le coup sans broncher. Il n'en perdit pas son aimable sourire. Mais, le lendemain, il disait : "Je comprends ; ça signifie : pensez à la mort". Il y pensa assurément pendant les quelques jours qui lui restaient à vivre, comme en témoigne cette autre parole : "Je n'ai jamais demandé à Dieu qu'une chose : de me garder jusqu'à ce que ma fille puisse se passer de moi". Évidemment cela voulait dire : "Maintenant, je puis partir". Il ne crut pas pourtant l'échéance aussi prompte. La grave menace, qui désormais pesait sur lui, l'obligerait à modifier sensiblement sa manière de vivre. Elle ne l'empêcherait peut-être pas de travailler pendant quelque temps encore. "Adieu, écrivait-il à l'un de nous la veille même de sa mort, les courses dans nos belles montagnes qui m'apportaient aux vacances le repos physique et intellectuel. Pour le moment, j'en suis aux promenades de cinq cents mètres faites à pas de tortue. C'est le premier coup de cloche de la vieillesse".

Il en était là quand, dans la matinée du 14 septembre, par hasard, disons mieux, par une grâce de Dieu qui lui permit de rendre le dernier soupir dans les bras de sa fille, celle-ci pénétra dans sa chambre. Se trouvant mieux, il prenait son chapeau et sa canne pour aller jusqu'à la poste de son village lire le communiqué de la nuit. Heureux de faire plaisir, il retarda sa sortie, s'assit dans un fauteuil, et parla de la guerre. Tout à coup, un cri, une crispation du visage, un geste (il se prit la barbe avec la main) ; ce fut fini. Comme un soldat frappé en pleine poitrine, il tombait foudroyé par suite d'une lésion au cœur.

Il n'était pas, en effet, de ces opportunistes timides, toujours prêts à dissimuler leurs croyances, pour sauvegarder leurs intérêts, ni de ces lâches inconséquents, qui méconnaissent que la foi est essentiellement une règle de vie, ni de ces chrétiens minimistes, qui réduisent la religion au strict nécessaire, ne voyant en elle, comme l'a dit très bien Pontal, qu'un moyen de s'assurer "contre les problèmatiques dangers de la vie future".

Catholique convaincu, il était aussi, vous en avez été témoins, catholique pratiquant. Au fond, l'un ne peut guère aller sans l'autre. Et ce nous est une consolation de savoir que, quelques jours à peine avant de mourir, pour la fête de l'Assomption, dans la petite église de Cabrespine, il fit, une dernière fois, la sainte communion. J'oserai même dire qu'il était catholique modèle, car il le fut jusqu'à l'héroïsme. Lui fallut-il marcher sur son cœur en brisant son foyer, du moment qu'il s'agissait du devoir, il ne recula point !

Veuf, par suite, après deux années seulement de mariage, avec quel soin il s'occupa de l'éducation religieuse de son enfant ! Que de fois on le vit, tout près d'ici, à Sainte-Eulalie, assister au cathéchisme des enfants de la paroisse, où il se faisait un devoir de conduire lui-même sa fille ! De cet unique rayon de soleil qui illuminait son foyer, Dieu ne tarda pas à lui demander le sacrifice. Un drame poignant se joue, en pareille circonstance, dans le cœur d'un père, fût-il le meilleur ! Que dire quand l'enfant réclamée est tout ce que l'on a au monde ? Mais quand Dieu a parlé, les grands cœurs, les vrais croyants finissent toujours par s'incliner et répondre : Va, mon enfant, puisque Dieu le veut.

Désormais seul, comment, du moins les premiers temps, n'eût-il pas été envahi par la tristesse ? Après les repas, les mains jointes sur le rebord de la table, il demeurait longtemps pensif. Quelques larmes indiquaient où allaient ses pensées. Mais, bien vite, il redressait la tête. Continuant de vivre à l'écart, jusqu'au jour où il vint à nous, il se consacra plus que jamais à ses livres et à ses élèves. Il ne sortait guère de chez lui, que pour aller se rendre aux réunions des œuvres nombreuses auxquelles il prêtait son concours. On le voyait aussi faire chaque jour une courte promenade. Il en profitait, de temps en temps, pour monter jusqu'à la chambre d'un malade, ou pour pénétrer dans le logis d'un pauvre. La misère des malheureux apitoyait son cœur. Il savait que le loyer est une lourde tâche pour celui qui est sans travail, que l'hiver est rude pour le malade qui n'a pas de bois, et pour le pauvre qui manque de pain. Et comme il convient aux vrais charitables, Dieu seul peut dire jusqu'où est allée sa charité.

Avant de rentrer pour se mettre au travail, creuser les problèmes de la physique, déchiffrer de vieux manuscrits, passant devant la petite chapelle, voisine de sa demeure, souvent il y pénétrait, pour s'agenouiller quelques instants devant le Saint Sacrement. Oh ! ces prières de M. Duhem chez les Franciscaines de la rue de La Teste, que ne donnerions-nous pas pour en pénétrer un peu le mystère ?

Et, certes, Dieu peut être content de lui. Toute sa vie il a servi la Science avec un labeur, une conscience, un talent auxquels il est impossible de ne pas rendre hommage. Et en servant la Science, il se trouve que, sur plusieurs points et des plus importants, il a servi aussi la cause de l'Église.

Vous savez combien il a été de mode pendant longtemps – et qui oserait dire que cette mode est passée ? – de dresser la Science contre la Foi, et de ne voir dans le Moyen Age qu'une époque de ténèbres. M. Duhem grandissait au moment où Renan, croyant avoir dressé en bonne et due forme l'acte de décès du catholicisme, proclamait que la Science désormais nous donnerait le mot de l'énigme. Berthelot, partageant la confiance de son ami en l'avenir de la Science, et croyant, comme lui, que les chrétiens ne vivaient plus que du parfum d'un vase vide, déclarait bien haut qu'il n'y a plus de mystères. Taine venait d'écrire, sur l'époque des grands docteurs du Moyen Age, cette sottise : "Trois siècles au fond de cette fosse noire n'ajoutèrent pas une idée à l'esprit humain[1]". Le scientisme faisait fureur et multipliait les victimes. Malgré l'autorité des maîtres qui la propageaient, M. Duhem ne se laissa point prendre au mirage de cette fausse science.

En marquant ainsi les justes limites de la science qu'il connaissait, il a contribué à faire évanouir les fols espoirs qu'on avait mis dans la Science. Par l'analogie qu'il a découverte entre les enseignements de la physique et la philosophie d'Aristote, il a fortifié, sur plusieurs points, la confiance que l'Église a mise, avec ses plus grands docteurs, dans ce qu'il y a d'essentiel et de conciliable avec la foi chez ce philosophe. Conduit à cette

1. Taine, *Histoire de la littérature anglaise,* tome 1, p. 225.

conclusion par ses propres recherches scientifiques, il voulut en éprouver la solidité, en lui faisant subir le contrôle de l'Histoire.

[...] Ces vastes études historiques lui livrèrent à peu près tous les secrets du Moyen Age, juif, arabe, chrétien. Familier avec les maîtres chrétiens de cette époque, il renouvela l'idée qu'on s'en faisait jusqu'ici. Le "trou noir", dont a parlé Taine, ne lui a paru noir qu'à cause de son ignorance. En réalité, les hommes d'alors ont eu une immense curiosité ; ils ont joui dans l'Église d'une grande liberté ; ils ont fait preuve, et dans des recherches proprement scientifiques fondées, par conséquent, sur une rigoureuse méthode d'observation, de toutes les qualités du savant. Et cette Science, qu'on croyait le fruit d'une espèce de génération spontanée survenue à l'aube des temps modernes, leur doit beaucoup de ses plus belles découvertes. Comme l'a dit M. Dufourcq dans l'étude qu'il a consacrée à l'œuvre de M. Duhem : "Les travaux de M. Duhem établissent, avec preuves à l'appui, que les principes sur lesquels repose la science moderne ont été formulés avant Newton*, avant Descartes, avant Galilée, avant Copernic, avant Léonard lui-même, par les maîtres de l'Université de Paris au cours du XIVe siècle[1]."

Mais ces grands maîtres du Moyen Age étaient à peu près tous de grands croyants. Pour eux, point de conflit entre la Science et la Foi ; au contraire, une harmonie profonde. Il faut presque arriver au XVIIIe siècle pour voir éclater nettement le conflit. Et ce conflit ne se serait point produit, si les savants, restant dans leur domaine, ne s'étaient pas écartés de leur voie. M. Duhem l'a bien vu. C'est pourquoi, savant éminent et catholique convaincu, il a pris place dans cette lignée de belles intelligences, qui, de tous temps, ont pensé que servir la Science n'empêchait pas de s'incliner devant la Foi.

C'est votre Association qui m'a fait connaître M. Duhem. Depuis quatre ans nous avons vécu bien près l'un de l'autre. Ces deux dernières années, il ne passait guère de semaine sans franchir plusieurs fois la porte du Séminaire. Je ne puis dire tout ce que je dois à ses nombreuses conversations. Incroyable est le nombre d'idées qui tombaient de ses lèvres et dont j'essayais de faire mon profit. Naturellement l'Association était souvent en cause. Combien précieux étaient alors ses conseils et ses encouragements ! De l'Association il arrivait à parler à ses élèves. J'ai pu constater que ce maître remarquable se doublait pour eux d'un véritable père. Et à la fin, tout à la fin, il entrouvrait quelquefois un coin de son âme.

1. *Revue des Deux Mondes,* 15 juillet 1913, p. 349.

De tout cela, le souvenir que j'aurai le plus de joie à conserver, c'est celui du travailleur solitaire, pour lequel la vie eut de si rudes coups, qui voulut bien m'honorer d'une amitié très forte et très sûre, et qui fut heureux, je crois, pendant ses dernières années, de venir causer avec un prêtre, qui avait pour lui une grande admiration et lui était profondément attaché... »

Le témoignage de l'abbé Bergereau demeure celui d'un ami cher de Duhem prêt à partager l'ensemble de ses convictions et à justifier la totalité de ses choix. Il confirme les caractères principaux d'une personnalité hors du commun.

Attentif aux événements, engagé à sa façon dans les affrontements de son époque, Duhem s'affirme donc constamment comme un véritable « conservateur » en matière sociale et politique. Conservateur d'une tradition monarchiste, conservateur de valeurs morales et religieuses séculaires, convaincu de la nécessité de l'ordre et de l'harmonie dans un monde où chacun doit rester à sa place : Duhem s'oppose à tout ce qui risque de rompre la stabilité et de provoquer des modifications profondes dans la société. On ne peut pas ne pas associer à ce comportement au plan social, l'attitude du scientifique à l'égard de la physique. Face aux contradictions du réel, celui des physiciens, que les découvertes de la fin du XIX^e^ et du début du XX^e^ vont faire éclater, Duhem tente de maintenir, contre vents et marées, le cap sur les objectifs fixés à la recherche par les méthodes éprouvées de la physique classique. Certains des adversaires de Duhem lui ont reproché son conservatisme en matière scientifique, sans déceler dans son œuvre les germes de recherches nouvelles qui, si elles avaient été engagées, auraient assurément contribué au maintien au premier niveau de la chimie française. D'autres nations s'empareront de ces travaux et ouvriront ainsi la voie à un nouveau développement de la thermodynamique et de la chimie. C'est à ces découvertes que sont consacrés les chapitres ultérieurs du présent ouvrage.

CHAPITRE V

# Philosophie de la physique

## *La théorie comme représentation, mais non explication du réel*

L'œuvre scientifique de Duhem se construit à partir d'un certain nombre de principes, ceux de l'énergétique ou thermodynamique générale qu'il emprunte à l'histoire de la physique et qui le distinguent de la plupart des physiciens contemporains. Selon Duhem, la théorie physique qu'il s'agit de construire est une synthèse représentative et non explicative du réel. Voici ce qu'il déclare dans *Thermodynamique et Chimie,* ouvrage publié en 1902 qui prépare ses œuvres maîtresses, la *Théorie physique* (1905) et le *Traité d'Énergétique ou de Thermodynamique générale* (1911) :

> « Les diverses branches de la Physique semblaient isolées les unes des autres ; chacune d'elles invoquait ses principes propres et relevait de méthodes particulières. Aujourd'hui le physicien reconnaît qu'il n'a point affaire à un faisceau de branches indépendantes les unes des autres, mais à un arbre dont les rameaux divers sont issus d'un même tronc ; toutes les parties de la Science qu'il cultive lui apparaissent solidaires, comme le sont les membres d'un corps organisé. [...] Ce que le Chimiste attend surtout de la Thermodynamique, ce sont des règles simples, nettes et aisées à manier, qui lui servent de fil conducteur dans l'effroyable dédale des faits chimiques déjà connus, qui le guident au cours de ses recherches, qui lui marquent exactement, en chaque réaction, les conditions variables dont il peut disposer et les circonstances essentielles qu'il est tenu de déterminer. Ces règles, nous nous sommes efforcés de les formuler avec rigueur et clarté ».

Mettre de l'ordre dans la physique, « sans apporter aucune violence aux propositions que l'expérience a établies », constitue le premier objectif que se fixe Duhem dans son œuvre. En second lieu, Duhem revendique avec fermeté, dans une période où se succèdent les différentes images de la matière établies à partir de récentes découvertes, son refus des représentations concrètes des grandeurs et des phénomènes. La manière dont il définit la matière dans le *Traité* de 1911 est significative à cet égard :

> « Nous ne discuterons pas si les corps sont réellement continus ou s'ils sont formés de parties disjointes séparées par le vide ; si ces parties disjointes ont des dimensions finies, bien que très petites, ou bien si ce sont de simples points. Toutes ces questions au sujet de la constitution réelle des corps ne sont pas objet de Physique, mais de Métaphysique ; elles ont donné et donnent encore lieu à de vifs débats entre les diverses écoles philosophiques. La Physique cherche seulement à construire, au moyen de notions empruntées aux Mathématiques, un système logique qui fournisse une image approchée des lois relatives aux corps. »

La démarche est conforme à ce que Duhem annonçait en 1906 dans la *Théorie physique :*

> « Une théorie physique n'est pas une explication ; c'est un système de propositions mathématiques, déduites d'un petit nombre de principes, qui ont pour but de représenter aussi simplement, aussi complètement et aussi exactement que possible, un ensemble de lois expérimentales ».

Et il poursuit en décrivant les quatre opérations successives par lesquelles se forme une théorie physique :

1. Choix des propriétés physiques simples et des symboles et grandeurs qui les représentent.
2. Élaboration des hypothèses qui peuvent être formulées de manière arbitraire, cet aspect arbitraire s'arrêtant uniquement à la contradiction logique entre les termes d'une même hypothèse.
3. Développement de la théorie suivant les règles de l'analyse mathématique.
4. Vérification expérimentale :

> « Une théorie vraie, n'est pas une théorie qui donne des apparences physiques une explication conforme à la réalité ; c'est une théorie qui représente d'une manière satisfaisante un ensemble de lois expérimentales ; une théorie fausse ce n'est pas une tentative d'explication fondée sur des suppositions contraires à la réalité ; c'est un ensemble de propositions qui ne concordent pas avec des lois expérimentales. »

L'énergétique de Duhem est donc une théorie physique. Par rapport à une construction algébrique ou géométrique logiquement agencée, la nuance (et elle est assurément d'importance) se situe dans la correspondance nécessaire entre cette construction mathématique et des lois expérimentales. Cette construction s'affirme comme une théorie physique pourvu que puisse s'établir, de manière convenable, cette correspondance – « approchée », précise Duhem – entre les éléments mathématiques et les propriétés physiques accessibles à l'expérience.

L'énergétique n'est donc pas seulement une théorie mathématique. Encore faut-il, d'une part, qu'elle s'appuie sur une réalité dont les propriétés physiques vont correspondre à des symboles, des nombres, des grandeurs. Mais selon Duhem, et sur ce point il se distingue de la plupart des scientifiques, notamment français, il n'y a aucune relation de nature entre ces symboles et les propriétés qu'ils représentent. D'autre part, la théorie doit, à la fin du processus, correspondre avec l'expérience, c'est-à-dire avec la réalité. Comme il l'affirme dans la *Théorie Physique :* « L'accord avec l'expérience est, pour une théorie physique, l'unique criterium de vérité », et il précise plus loin :

> « Lorsque l'édifice logique est parvenu au faîte, il devient nécessaire de comparer l'ensemble des propositions mathématiques, obtenues comme conclusions de ces longues déductions, à l'ensemble des faits d'expérience ; moyennant l'emploi des procédés de mesure adoptés, il faut s'assurer que le second ensemble trouve, dans le premier, une image suffisamment ressemblante, un symbole suffisamment précis et complet. Si cet accord entre les conclusions de la théorie et les faits d'expérience ne se manifestait pas avec une approximation satisfaisante, la théorie pourrait bien être logiquement construite ; elle n'en devrait pas moins être rejetée, parce qu'elle serait *physiquement* fausse.
>
> Cette comparaison entre les conclusions de la théorie et les vérités d'expérience est donc indispensable, puisque, seul, le contrôle des faits peut donner à la théorie une valeur physique ; mais ce contrôle des faits doit frapper relativement les conclusions de la théorie car, seules, elles se donnent pour image de la réalité ; les postulats qui servent de points de départ à la théorie, les intermédiaires par lesquels on passe des postulats aux conclusions n'ont pas à lui être soumis. »

Le rejet de la théorie, lorsqu'elle se trouve en contradiction avec l'expérience, ne s'applique donc pas aux postulats ou axiomes sur lesquels se fonde cette théorie... parce que ces éléments ne doivent jamais, selon Duhem, constituer ou contenir des images de la réalité. Ce refus des représentations concrètes chez Duhem ne signifie donc pas le rejet de la réalité ; il signifie que l'on peut, que l'on doit, construire une théorie physique sans faire aucune hypothèse sur la nature des grandeurs représentatives des qualités des phénomènes étudiés. Dans une discipline peu étudiée par le savant, mais qu'il eut l'occasion d'enseigner à la faculté des sciences de Lille, l'optique, et dont des fragments de cours furent publiés, ces orientations générales sont bien confirmées :

> « Rompant franchement en visière avec la loi que Descartes a voulu imposer à la physique et que, depuis deux siècles, la physique cherche à secouer par des efforts sourds et inconscients, nous ne voulons voir dans la lumière qu'une qualité et dans l'optique physique qu'un système d'équations symboliques dont le but est de figurer et non d'expliquer les caractères que l'analyse expérimentale nous signale en cette qualité.
>
> [...] Nous en avons assez dit pour prouver que l'on peut construire une Optique rationnelle, sans faire aucune hypothèse sur la constitution intime des milieux transparents ni sur la nature de la lumière. »

## *Contre l'atomisme*

Cette conception conduit Duhem à refuser et à condamner toutes les tentatives d'« explication » des phénomènes à l'aide des modèles élaborés au cours de cette période. Une telle démarche permet de mieux comprendre les orientations des travaux de Duhem en physicochimie, mais également les difficultés considérables rencontrées par l'auteur, voire les échecs enregistrés dans la construction de la théorie physique appliquée à des domaines dans lesquels précisément les modèles, les analogies et les représentations concrètes furent d'une très grande fécondité. L'attitude de Duhem est, naturellement, vivement combattue par ceux des physiciens qui donnent à l'expérimentation un rôle tout à fait essentiel dans le développement de la science. Duhem leur reproche de construire des théories « non pour la satisfaction de la raison, mais pour le plaisir de l'imagination ». Pour Duhem, l'expérience ne compte que comme vérification. La recherche et la construction de modèles, « chères aux physiciens de l'École anglaise », présentent, selon Duhem, l'extrême danger de la confusion et, à terme, constituent des entraves et des embarras propres à empêcher le développement de la physique. Ainsi, s'attaquant à la notion d'électron, Duhem écrit en 1913 :

« L'École néo-atomiste, dont les doctrines ont pour centre la notion d'électron, a repris avec une superbe confiance la méthode que nous nous refusons à suivre. Elle pense que ses hypothèses atteignent enfin la structure intime de la matière, qu'elles nous en font voir les éléments comme si quelque extraordinaire ultra-microscope les grossissait jusqu'à nous les rendre perceptibles. Cette confiance, nous ne pouvons la partager ; nous ne pouvons, en ces hypothèses, reconnaître une vue divinatrice de ce qu'il y a au-delà des choses sensibles, nous les regardons seulement comme des modèles. De ces modèles, nous n'avons jamais nié l'utilité ; ils prêtent, croyons-nous, une aide indispensable aux esprits plus amples que profonds, plus aptes à imaginer le concret qu'à concevoir l'abstrait. Mais le temps viendra sans doute où, par leur complication croissante, ces représentations, ces modèles cesseront d'être des auxiliaires pour le physicien, où il les regardera plutôt comme des embarras et des entraves. Délaissant alors ces mécanismes hypothétiques, il en dégagera avec soin les lois expérimentales qu'ils ont aidé à découvrir ; sans prétendre expliquer ces lois, il cherchera à les classer selon la méthode que nous venons d'analyser, à les comprendre dans une énergétique modifiée et rendue plus ample. »

La conclusion de l'ouvrage de Duhem : « La valeur de la théorie physique », amplifie jusqu'à la profession de foi ces réserves épistémologiques :

« La théorie physique nous confère une certaine connaissance du monde extérieur, qui est irréductible à la connaissance purement empirique ; cette connaissance ne vient ni de l'expérience, ni des procédés mathématiques qu'emploie la théorie, en sorte que la dissection purement logique de la théorie ne saurait découvrir la fissure par laquelle elle s'est introduite en l'édifice de la Physique ; par une voie dont le physicien ne peut nier la réalité, non plus qu'il n'en peut décrire le cours, cette connaissance dérive d'une vérité autre que les vérités dont nos instruments sont aptes à s'emparer ; l'ordre dans lequel la théorie range les résultats de l'observation ne trouve pas sa pleine et entière justification dans ses caractères pratiques ou esthétiques ; nous devinons, en outre, qu'il est ou tend à être une *classification naturelle* ; par une analogie dont la nature échappe aux prises de la Physique, mais dont l'existence s'impose comme certaine à l'esprit du physicien, nous devinons qu'il correspond à un certain ordre suréminent.

En un mot, le physicien est forcé de reconnaître qu'il *serait déraisonnable de travailler au progrès de la théorie physique si cette théorie n'était le reflet, de plus en plus net et de plus en plus précis, d'une Métaphysique ; la croyance en un ordre, transcendant à la Physique, est la seule raison d'être de la théorie physique.*

L'attitude, tour à tour hostile ou favorable, que tout physicien prend à l'égard de cette affirmation se résume en ce mot de Pascal : "Nous avons une impuissance de prouver invincible à tout le Dogmatisme ; nous avons une idée de la vérité invincible à tout le Pyrrhonisme". »

L'attitude de Duhem, son rejet « philosophique » du modèle atomique nous paraissent aujourd'hui quelque peu surprenants. Il est difficile d'imaginer que bien des physiciens et la plupart des chimistes de la fin du XIXe siècle et du début du XXe combattaient cette conception d'une matière discontinue. La communauté scientifique était loin de partager l'opinion selon laquelle la matière est constituée d'atomes et de molécules : les travaux de Fresnel*, l'unification par Maxwell* des théories de la lumière, de l'électricité et du magnétisme, les recherches et les études sur le mouvement des fluides en hydrodynamique favorisaient la conception d'un monde physique fondé sur l'idée de continuité.

Or, les recherches de J.J. Thomson* en 1897 sur les décharges dans les gaz raréfiés mettaient en évidence l'existence de particules, chargées électriquement, qui se déplaçaient à des vitesses extraordinairement élevées (50 000 km par seconde dans un tube de Crookes ordinaire) et portaient plutôt à la prise en compte d'éléments de discontinuité. Ces travaux montraient que les apparences physiques des phénomènes observables à notre échelle pouvaient faire place, à une échelle infiniment plus petite, à une réalité fondée sur l'existence de corpuscules, donc de discontinuités. L'idée n'était sans doute pas nouvelle : la doctrine « atomique » puise ses racines dans les textes de Démocrite* et de Lucrèce*. Ce qui est nouveau, à la fin du XIXe siècle, c'est la preuve expérimentale de ces conceptions.

De l'existence de l'électron, particule élémentaire chargée négativement, à celle de l'atome et de la molécule, assemblage d'atomes, la physique progresse au cours de ces quelques décennies à pas de géants. Du modèle, proposé par Thomson, d'un atome constitué d'une sphère homogène d'électricité positive dans lequel nageaient les électrons, à celui de Rutherford* dont les travaux conduisent à la découverte du noyau, il s'est écoulé à peine une dizaine d'années. C'est en effet en 1908 que le physicien de Manchester précise dans un article publié dans le *Philosophical Magazine* et intitulé : « Diffusion des particules alpha et bêta dans la matière et problème de la structure de l'atome » :

> « Dans la mesure où la masse, l'impulsion et l'énergie cinétique d'une particule sont très grandes par rapport aux grandeurs correspondantes chez l'électron, il apparaît impossible qu'une particule alpha puisse être fortement déviée de sa trajectoire en s'approchant d'un électron. Le plus simple est donc de supposer que l'atome contient une charge centrale positive localisée dans un volume extrêmement restreint. »

Et Rutherford donne, en 1912, à cette charge centrale le nom de noyau. Il précise dès lors son interprétation du phénomène de la radioactivité, découvert par hasard par le physicien français Henri Becquerel* en 1896, en proposant pour l'atome une structure analogue à celle d'un système planétaire : un noyau central autour duquel tournent des électrons. Ce modèle fondamental sera amélioré ultérieurement par les physiciens Niels Bohr*, puis Sommerfeld, qui tiennent compte des récentes théories, celle des quanta d'une part, émise en 1900 par Max Planck*, et celle de la relativité restreinte d'Einstein* (1905) d'autre part.

Cependant, ces théories mirent beaucoup de temps à s'imposer à la communauté scientifique, parce qu'elles présentaient un caractère véritablement révolutionnaire ; elles constituaient en effet une rupture par rapport à celles qui, jusque-là, avaient permis des avancées réelles dans le domaine des connaissances et dans l'interprétation des phénomènes. Les résistances les plus nombreuses vinrent des chimistes. L'un des plus célèbres d'entre eux, Ostwald, s'était fait remarquer en 1895 par la publication d'un véritable pamphlet intitulé : « La déroute de l'atomisme contemporain » – le premier titre proposé était « Le dépassement du matérialisme scientifique » – dans lequel le professeur de Leipzig rejetait la théorie mécanique de l'Univers. Cet article, paru dans la *Revue générale des Sciences pures et appliquées* le 15 novembre 1895, donne une dimension nouvelle, par son caractère polémique, au débat sur la constitution de la matière et sur l'objet de la physique. A propos de la « mécanique des atomes », le grand chimiste indique clairement que :

> « Cette manière de voir, malgré tout son crédit, est insoutenable... Cette théorie mécanique n'a pas atteint son but, car elle se trouve en contradiction avec des vérités tout à fait hors de doute et universellement acceptées. La conclusion s'impose : il faut l'abandonner et la remplacer, autant que faire se peut, par une autre meilleure. »

C'est parce qu'il lui paraît impossible de rendre compte des phénomènes de la physique par la conception mécanique de l'univers qu'Ostwald rejette l'atomisme :

**Wilhelm Ostwald** (1853-1932), prix Nobel de chimie en 1909.

> « [...] C'est une entreprise qui a piteusement échoué devant toute expérience sérieuse, de vouloir rendre compte par la Mécanique de tous les phénomènes physiques connus. Cette entreprise peut bien moins réussir si elle s'attaque aux phénomènes incomparablement plus compliqués de la vie organique. La tentative n'a même pas la valeur d'une hypothèse auxiliaire : c'est une erreur pure et simple. L'erreur saute aux yeux dans le fait suivant : dans toutes les équations mécaniques, le signe de la variable représentant le temps peut changer ; en d'autres termes, les phénomènes de la Mécanique rationnelle peuvent suivre le cours du temps ou le remonter. Dans le monde de la Mécanique rationnelle, il n'y a ni passé, ni avenir au même sens que dans le nôtre : l'arbre peut redevenir rejeton et graine ; le papillon chenille ; le vieillard enfant. Pourquoi ces faits ne se produisent-ils pas dans la réalité ? La théorie mécanique ne l'explique pas ; et en vertu même des propriétés des équations, elle ne peut l'expliquer. Le fait que, dans la Nature réelle, les phénomènes ne sont pas réversibles, condamne ainsi sans appel le matérialisme physique. »

Ostwald renonce aux atomes et aux images « hypothétiques » de la mécanique. A cette mécanique dépassée, il oppose l'énergétique, fondée sur les grands principes de la thermodynamique, en particulier le second qui prend en compte la notion d'irréversibilité et précise : « L'absence de l'hypothèse donne à l'Énergétique une unité de méthode inconnue, il faut bien le dire, jusqu'à présent : unité non moins précieuse pour l'enseignement et l'intelligence de la science qu'elle ne l'est au point de vue philosophique... ».

Nous sommes peu éloignés de la pensée de Duhem qui, dans la *Théorie physique,* écrit, dix ans plus tard :

> « La logique exige-t-elle que nos hypothèses soient les conséquences de quelque système cosmologique ou, du moins, qu'elles s'accordent avec les conséquences d'un tel système ? Nullement, nos théories ne se piquent point d'être des explications ; nos hypothèses ne sont point des suppositions sur la nature même des choses matérielles. Nos théories ont pour seul objet la condensation économique et la classification des lois expérimentales... Les hypothèses sur lesquelles nous les bâtissons n'ont donc pas besoin d'emprunter leurs matériaux à telle ou telle doctrine philosophique. »

Voix discordante, assurément, dans le concert des physiciens français de cette période. Duhem, lui, soumet en quelque sorte l'expérience à la théorie, nie que cette expérience puisse posséder un caractère « crucial », refuse à la théorie physique le simple rôle de généralisation inductive des enseignements de l'expérimentation.

**Paul Langevin** (1872-1946) en 1898.

Pour l'énergétiste, dans son élaboration comme dans son interprétation, l'expérience, qui n'est pas observation, est subordonnée à la théorie. Les recherches engagées par Pélabon et Lenoble, sur des questions aussi diverses que les déformations permanentes du verre, les déformations permanentes des fils métalliques ou la dissociation de l'acide sélénhydrique, qui s'appuient sur la théorie élaborée par Duhem, l'énergétique, illustrent cette conception quelque peu stérilisante, selon ses adversaires, de la pratique expérimentale.

Paul Langevin* exprime dès 1904 de vives critiques à l'égard de la méthode de l'énergétique de Duhem. Abordant la question des principes de l'énergétique lors d'une conférence donnée au Musée pédagogique, le jeune professeur de l'École supérieure de Physique et Chimie de Paris – il a onze ans de moins que Duhem – déclare :

> « Mais, nécessaires, ces principes ne sont cependant pas suffisants et ne donnent qu'une souche par laquelle les rameaux devront se développer, contrairement à ce que pensent les évangélistes modernes qui, perdant de vue l'origine du principe, font de l'énergie une idole nouvelle dont les incarnations multiples

suffisent à tout représenter... Ces avatars variés de l'énergie sont à la base de ce que M. Duhem expose et défend avec tant d'habileté sous le nom de physique de la qualité, se recommandant d'Aristote pour remplacer la grandeur mesurable par une qualité qu'il exprime cependant en nombres tout en lui refusant toute activité. Que signifie dès lors l'addition des deux nombres repérant deux degrés différents d'une même qualité ? Il faut alors admettre avec M. Duhem que "lorsqu'au cours des déductions par lesquelles la théorie se déroule, on soumet à des opérations ou à des calculs les grandeurs sur lesquelles porte la théorie, on n'a pas à se demander si ces opérations, si ces calculs ont un sens physique". De plus, dans ce système, le physicien se déclare satisfait lorsque des phénomènes complexes et nouveaux sont représentés par des termes nouveaux dans une équation, termes dont la forme arbitraire n'est indiquée que par de superficielles analogies.

N'y a-t-il pas là une tendance fâcheuse à limiter le champ des investigations, à déclarer suffisante et définitive une connaissance générale et superficielle des choses, à s'interdire un examen plus approfondi parce qu'un premier succès nous a livré quelques-unes des lois les plus générales ? Savons-nous ce que donnera notre marche en avant, l'examen au microscope de l'organisme que nous voyons vivre ; quels motifs de crainte avons-nous ? Pourquoi ce retour en arrière, cet *ignorabimus* contre lequel protestent nos instincts et nos convictions ? Nous sommes issus d'une évolution lente, en contact continuel et profond avec l'univers qui nous a modelés ; de nos instincts obscurs résulte un sentiment d'identité et de communauté avec toute la nature : notre science est un effort pour pénétrer plus profondément et plus consciemment en elle et nous permettrons difficilement qu'on élève des barrières à notre connaissance, qu'on trace une frontière à l'inconnaissable dans la crainte peut-être de ce qui se trouve au-delà. Si nous sommes jusqu'ici restés à la surface des choses, rien ne peut faire prévoir les découvertes futures, les sensations nouvelles que nous devrons classer ; les hypothèses qui paraissent les plus hardies n'étant que la prévision de ces sensations nouvelles, nous devons, pour en tenir compte, être prêts à modifier nos constructions autant qu'il sera nécessaire. »

Paul Langevin exprime là, à sa façon, des points de vue largement partagés par de nombreux physiciens, parmi lesquels Marcel Brillouin, Jean Perrin*, précisément ceux dont les travaux expérimentaux et théoriques, en physique atomique notamment, ont permis des avancées considérables dans la connaissance des phénomènes. Même s'il reflète des conceptions philosophiques fondamentalement opposées, à y regarder de près, le débat entre énergétistes et atomistes se focalise sur la question suivante : les recherches sur la constitution de la matière, sur l'atome sont-elles pertinentes ? Les énergétistes, Ostwald et Duhem notamment, répondent clairement non. Langevin et Perrin, pour ne citer qu'eux, répondent oui. Ces derniers ne mettent nullement en cause la démarche phénoménologique. Mais ils n'acceptent pas que l'on condamne ces recherches qui commencent à connaître de beaux succès ; ils refusent aux énergétistes le droit d'ériger un mur délimitant *a priori* les domaines d'investigation et les méthodes grâce auxquelles avancent les connaissances.

Cette volonté de démontrer la pertinence des travaux sur la théorie atomique et cette ouverture inspirent les physiciens les plus engagés et les conduisent à participer à ce véritable combat pour la promotion de la physique atomique dans la communauté scientifique et même bien au-delà. C'est tout le sens de l'effort mené notamment en France par Perrin et Langevin en faveur de la diffusion des connaissances scientifiques. Il faut citer à ce propos le merveilleux ouvrage de synthèse de Jean Perrin, publié en 1913 sous le titre *Les atomes,* dans lequel le physicien aborde le débat énergétisme-

**Jean Perrin** (1870-1942) vers la fin du siècle.

atomisme de manière ouverte. Traitant des principes de la thermodynamique – qui constituent les fondements de la démarche énergétique – Perrin, atomiste, explique :

> « Pour atteindre l'un ou l'autre de ces principes, on a mis en évidence des analogies, on a généralisé des résultats d'expérience, mais les raisonnements ou les énoncés n'ont fait intervenir que des objets qui peuvent être observés ou des expériences qui peuvent être faites. Aussi Ostwald a justement pu dire qu'en énergétique, on ne fait pas d'*hypothèses.* Sans doute, si l'on invente une machine nouvelle, on affirmera tout de suite qu'elle ne peut pas créer de travail, mais on peut aussi s'en assurer, et l'on ne peut appeler hypothèse une affirmation qui, sitôt formulée, peut être contrôlée par une expérience.
>
> Or, il est des cas où c'est au contraire l'hypothèse qui est instinctive et féconde. Si nous étudions une machine, nous ne nous bornons pas à raisonner sur les pièces visibles... tant que nous ne pouvons pas démonter la machine. Certes, nous observons de notre mieux ces pièces visibles, mais nous cherchons aussi à *deviner* quels organes cachés expliquent les mouvements apparents.
>
> Deviner ainsi l'existence ou les propriétés d'objets qui sont encore au-delà de notre connaissance, *expliquer du visible compliqué par de l'invisible simple,* voilà la forme d'intelligence intuitive à laquelle grâce à des hommes tels que Dalton ou Boltzmann*, nous devons l'Atomistique... Il va de soi que la méthode intuitive n'a pas à se limiter à la seule atomistique, pas plus que la méthode inductive ne doit se limiter à l'énergétique. Un temps viendra peut-être où les atomes, enfin directement perçus, seront aussi faciles à observer que le sont aujourd'hui les microbes. L'esprit des atomistes actuels se retrouvera alors chez ceux qui auront hérité le pouvoir de deviner, derrière la réalité expérimentale devenue plus vaste, quelque autre structure cachée de l'Univers. Je ne vanterai pas aux dépens de l'autre l'une des deux méthodes de recherche, comme trop souvent on l'a fait. Certes, pendant ces dernières années, l'intuition l'a emporté sur l'induction, au point de renouveler l'Énergétique elle-même par l'application de procédés statistiques empruntés à l'Atomistique. Mais cette fécondité plus grande peut fort bien être passagère et je n'aperçois aucune raison de regarder comme improbable quelque prochaine série de beaux succès où nulle hypothèse invérifiable n'aurait joué de rôle. »

La science évolue ainsi entre la prudence, stérilisante si elle est excessive, et les audaces nécessaires lorsqu'elles ne sont pas folles.

« La théorie atomique a triomphé », déclare Perrin dans la conclusion de son ouvrage *Les atomes :*

> « Nombreux encore naguère, ses adversaires, enfin conquis, renoncent l'un après l'autre aux défiances qui longtemps furent légitimes et sans doute utiles. C'est au sujet d'autres idées que se poursuivra désormais le conflit des instincts de prudence et d'audace dont l'équilibre est nécessaire au lent progrès de la science humaine... »

Duhem est de ceux qui refusent de reconnaître l'étonnante fécondité de ces recherches sur l'atome. Cette attitude d'extrême méfiance, voire d'hostilité à l'égard de ces recherches, le refus durable d'admettre les apports nouveaux de la physique atomique et des théories fondées sur des modèles mécaniques, ont sans doute constitué des entraves et empêché Duhem d'apporter des réponses complètes et satisfaisantes à un certain nombre de problèmes ouverts, notamment en ce qui concerne l'électromagnétisme. L'obstination avec laquelle Duhem refusa d'admettre l'hypothèse de la transversalité des ondes électromagnétiques, par exemple, est significative de ces retards induits par la méthode et les orientations fondamentales du physicien théoricien.

## *Contre Maxwell*

Dans sa volonté d'insérer l'électricité et le magnétisme dans sa grande construction théorique, Duhem rencontre naturellement l'œuvre de James Clerk Maxwell. Il ne conteste pas les résultats obtenus par le physicien écossais mais reproche à ce dernier d'y être parvenu par une voie peu conforme aux exigences de la logique. La condamnation des méthodes de Maxwell est claire et définitive. Duhem écrit en 1902 :

> « Surprenante par ses conséquences, l'électrodynamique inaugurée par Maxwell l'était plus encore par la voie insolite qu'avait suivie son auteur pour l'indroduire dans la science. [...] Avec une imprudence inouïe, Maxwell avait renversé *l'ordre naturel selon lequel évolue* la physique théorique : il ne vécut pas assez pour voir les découvertes de Hertz transformer son audace téméraire en prophétique divination. »

Dans ce texte, l'auteur des *Théories électriques de J. Clerk Maxwell, étude historique et critique,* publiées chez Hermann, fait référence aux équations de Maxwell, proposées par le scientifique écossais en 1871, confirmées par Hertz* en 1888. Ces équations font,

**James Clerk Maxwell** (1831-1879).

en quelque sorte, sauter les obstacles qui justifiaient l'existence de disciplines variées qui se développaient indépendamment les unes des autres : magnétisme, électricité, électrodynamique, électromagnétisme. Elles traduisent, de manière synthétique, l'ensemble des lois qui s'appliquaient jusque-là à des phénomènes particuliers (loi de Faraday*, théorème d'Ampère*, théorème de Gauss*...). La théorie de Maxwell se fonde sur l'hypothèse de l'existence d'ondes électromagnétiques constituées de deux vecteurs perpendiculaires E, champ électrique et B, champ magnétique.

Les lecteurs avertis connaissent bien les équations que ces grandeurs vérifient et les lois auxquelles elles correspondent :

$\operatorname{div} \vec{B} = O$ (flux conservatif)

$\operatorname{rot} \vec{E} = \frac{\partial \vec{B}}{\partial t}$ (loi de Faraday)

$\operatorname{div} \vec{E} = \frac{\varrho}{\epsilon_o}$ (théorème de Gauss)

$\operatorname{rot} \vec{B} = \mu_o j + \epsilon_o \mu_o \frac{\partial \vec{E}}{\partial t}$ (théorème d'Ampère généralisé)

$\vec{B}$ représente le champ magnétique
$\vec{E}$ le champ électrique
$\vec{j}$ la densité de courant
$\varrho$ la densité de charge
$\epsilon_0$ et $\mu_0$, constantes électromagnétiques bien connues telles que $\epsilon_0 \, \mu_0 = \frac{1}{c^2}$
c, vitesse de propagation des ondes électromagnétiques dans le vide.

La quatrième équation met clairement en évidence l'existence d'un courant de déplacement $\epsilon_0 \frac{\partial \vec{E}}{\partial t}$, analogue dans sa contribution et dans sa dimension au courant de conduction $\vec{j}$. Dans le vide, en l'absence de courants et de charges, l'étude des solutions de l'équation d'onde tirée des équations de Maxwell (à partir de $\Delta F - \epsilon_0 \, \mu_0 \frac{\partial^2 F}{\partial t^2}$, F pouvant exprimer soit $\vec{E}$, soit $\vec{B}$, soit encore le potentiel vecteur A ou le potentiel scalaire V) aboutit à l'hypothèse vérifiée de la transversalité des ondes, qui fut fort longtemps contestée, voire rejetée par Duhem.

L'histoire de l'électromagnétisme confirme la pertinence et la valeur des théories de Maxwell. Duhem n'ignore pas la vérification expérimentale de Hertz, mais il conteste la méthode. Il ne se satisfait nullement de la « prophétique divination » de Maxwell et tente de retrouver les résultats du physicien écossais par une méthode digne de la théorie physique et conforme aux principes qui la fondent. Il refuse de prendre en compte cette grandeur nouvelle introduite par Maxwell, ce courant de déplacement qui contribue pourtant à donner aux équations de Maxwell leur caractère le plus général, puisqu'ainsi elles s'appliquent à l'ensemble des radiations électromagnétiques, y compris la lumière. Selon Duhem, ces hypothèses sont prématurées ; il les condamne dès 1902 dans son ouvrage sur les théories de J.C. Maxwell :

> « Jamais physicien de renom n'a été, plus que Maxwell, épris de ses propres hypothèses, plus que lui, sourd aux démentis des vérités acquises ; nul n'a plus complètement méconnu les lois qui président au développement rationnel des théories physiques... Au moment où Maxwell introduisit en électrodynamique, le flux de déplacement, au moment où il marqua comme des hypothèses essentielles, la forme mathématique des lois auxquelles cette grandeur devait être soumise, aucun phénomène dûment constaté n'exigeait cette extension de la théorie des courants... Nulle nécessité logique ne pressait Maxwell d'imaginer une électrodynamique

nouvelle ; pour guides, il n'avait que des analogies, le désir de doter l'œuvre de Faraday d'un prolongement semblable à celui que l'œuvre de Coulomb* et de Poisson* avait reçu de l'électrodynamique d'Ampère, peut-être aussi un instinctif sentiment de la nature électrique de la lumière. Il fallut de longues recherches et le génie d'un Hertz pour que fussent découverts les phénomènes que traduisaient ses équations, pour que sa théorie cessât d'être une forme vide de toute matière. »

Si Duhem marque nettement son désaccord avec les méthodes utilisées, il ne peut cependant mettre en cause les résultats obtenus par la théorie proposée et vérifiés par l'expérience. Toute l'œuvre de Duhem dans ce domaine consiste à proposer une théorie aboutissant bien entendu aux mêmes résultats mais conformes aux exigences de la logique, et évitant toute hypothèse sur la nature des grandeurs représentatives des phénomènes. La méthode digne de la théorie physique, Duhem la trouve chez Helmholtz dont il se réclame constamment. Dans la *Notice sur ses titres et travaux,* publiée en 1913 à l'occasion de sa candidature à l'Académie des sciences, Duhem précise les postulats à partir desquels l'énergétiste allemand construit la théorie de l'électrodynamique :

« Lorsqu'un système contient des courants variables d'intensité, de position ou de figure, l'énergie ne se partage plus simplement en énergie interne et énergie cinétique ; on y doit considérer un nouveau terme, l'énergie électrodynamique ; cette énergie sera traitée dans les calculs comme le serait une énergie cinétique où les vitesses seraient remplacées par les intensités des courants ; il en résulte qu'en tout déplacement virtuel sans changement d'intensité des courants, le travail des forces électrodynamiques est égal à l'accroissement de cette énergie électrodynamique. Telles sont les propositions qui résument, pour ainsi dire, toute l'Électrodynamique. On peut assurément, sans encourir aucun reproche d'absurdité, les poser d'emblée à titre de postulat ; et c'est bien ainsi que Helmholtz procède dans le mémoire : *Ueber die physikalische Bedeutung des Prinzips der kleinsten Wirkung,* qu'il a donné en 1886... La même méthode peut être suivie dans l'étude de l'électromagnétisme... La théorie électrodynamique une fois établie pour les courants linéaires, il n'est pas malaisé de l'étendre aux corps étendus suivant toute dimension, qu'ils soient conducteurs, diélectriques ou magnétiques... En dépit de leur apparente complication, les équations de l'électrodynamique de Helmholtz se montrent susceptibles, en bien des cas, de conduire à des solutions élégantes. »

Et Duhem tente, à propos de la nature électromagnétique de la lumière, d'opposer la théorie de Helmholtz à celle de Maxwell :

> « Mais venons aux deux problèmes où il est le plus nécessaire d'essayer la portée de la théorie de Helmholtz ; nous voulons parler de l'explication électromagnétique de la lumière et de l'analyse des expériences de Hertz. En effet, ce sont là comme deux pierres de touche propres à décider si une doctrine électrodynamique est recevable ou ne l'est pas. Si l'illogique théorie de Maxwell jouit d'une vogue si surprenante, c'est assurément que nombre de physiciens la croient seule capable de résister à ce double essai.
>
> L'électrodynamique de Maxwell admet que les courants électriques se comportent comme les vitesses d'un milieu incompressible ; il n'y a pas de flux électriques longitudinaux. La théorie de Helmholtz ne pose pas une telle restriction ; dans les corps conducteurs, aussi bien que dans les milieux diélectriques, elle admet la possibilité de flux longitudinaux aussi bien que de flux transversaux. »

Cette affaire des « flux longitudinaux » qui, incontestablement, n'existent pas, va beaucoup préoccuper Duhem tout au long de sa carrière. Il s'agit pour lui d'une question importante : l'existence de ces flux longitudinaux démontrerait aisément que la théorie de Maxwell là où elle s'avère exacte – confirmée par l'expérience – n'est en fait qu'une interprétation particulière et limitée de la théorie d'Helmholtz. Dans la *Notice* il précise, tout en mettant en cause la démarche de Lorentz* :

> « M.H. Lorentz avait introduit, dans les équations de Helmholtz, l'hypothèse de Faraday et de Mossotti*, ce qui les réduit sensiblement aux équations de Maxwell. Il est meilleur, semble-t-il, de traiter d'abord le problème d'une manière entièrement générale, et de n'introduire l'hypothèse de Faraday et de Mossotti que dans les résultats ; on verra mieux, alors, quelle est la portée de cette hypothèse. Nous parvenons de la sorte aux résultats suivants : un flux électrique transversal et normal au plan d'incidence n'engendre par réflexion et réfraction que des flux transversaux et normaux au plan d'incidence ; les lois qui régissent cette réflexion et cette réfraction sont celles que Fresnel a assignées dans le cas où la lumière incidente est polarisée dans le plan d'incidence. Un flux électrique transversal et situé dans le plan d'incidence donne un flux transversal réfléchi et un flux transversal réfracté, qui sont tous deux dans le plan d'incidence ; les formules qui déterminent ces flux sont celles que Fresnel a données pour le cas où la lumière incidente est polarisée perpendiculairement au plan d'incidence.

Mais il se forme, en outre, un flux longitudinal réfléchi et un flux longitudinal réfracté.

Ces deux flux longitudinaux disparaissent si l'on fait appel à l'hypothèse de Faraday et de Mossotti ; de même alors que ni par réflexion ni par réfraction un flux longitudinal ne peut engendrer un flux transversal, de même un flux transversal ne peut donner naissance à un flux longitudinal ; flux transversaux et flux longitudinaux, bien qu'ils coexistent, demeurent toujours indépendants les uns des autres. »

Et il ajoute son interprétation personnelle des récentes découvertes (rayons X, radioactivité...) :

« Il est difficile de ne pas établir par la pensée un rapprochement entre ces flux longitudinaux qui, dans tous les milieux, diélectriques ou conducteurs, se propagent avec la même vitesse, avec la vitesse de la lumière dans l'éther, et les rayons X découverts par M. Röntgen*.

La doctrine électrodynamique de Helmholtz a l'ambition de se substituer à la doctrine de Maxwell ; elle prétend y avoir droit non seulement parce qu'elle rend compte de toutes les lois expérimentales que la théorie de Maxwell peut expliquer, mais aussi et surtout parce qu'elle se développe suivant les règles de la Logique la plus sévère, tandis que l'argumentation du physicien écossais ne saurait être regardée comme un raisonnement véritable. Le concours que nous nous proposions de donner à la doctrine de Helmholtz n'eût donc pas été complet s'il eût été privé d'une analyse critique des théories électriques de J. Clerk Maxwell.

Cet examen, nous l'avons poursuivi avec la plus grande minutie, suivant de son origine jusqu'à son complet développement chacune des tentatives du grand physicien écossais vers l'organisation de la Science électrique. Maxwell avait sans cesse les yeux fixés sur le but à atteindre, et ce but, bien digne de ses efforts, c'était la constitution d'une théorie qui embrassât à la fois les phénomènes électriques et les effets de la lumière. Malheureusement, aucune des voies dans lesquelles il s'engageait successivement ne le pouvait mener là où il tendait. Alors, au moment où la Logique lui intimait l'ordre de ne pas passer, sûr que l'objet qu'il voulait atteindre était la vérité, par une faute flagrante de raisonnement ou de calcul, il franchissait l'obstacle importun. Le spectacle de ces sauts périlleux qui arrivent au but en narguant les règles suivant lesquelles la raison du commun des hommes est tenue de marcher, révèle à notre admiration stupéfaite ce que c'est qu'un génie ; l'étude des œuvres de Fresnel nous réserve souvent, elle aussi, de pareilles surprises. La meilleure manière de marquer notre admiration pour de tels génies, c'est de refaire leur œuvre après eux, en nous conformant aux lois communes de la Logique ; c'est de tracer, pour parvenir au sommet qu'ils ont découvert, une route sûre dont les contours évitent les précipices qu'ils franchissaient d'un bond. Telle a été, à l'égard de l'audacieuse et déconcertante électrodynamique de Maxwell, la tâche accomplie par Helmholtz.

D'autres, qui se sont crus meilleurs disciples de Maxwell parce qu'ils ont été plus serviles, ont agi d'autre manière. Les équations que Maxwell avait obtenues par d'inadmissibles argumentations, ils ont proposé de les admettre d'emblée, sans chercher d'où elles étaient venues, comme des postulats, disons mieux, comme des définitions, puisque des grandeurs diverses qui figurent dans ces équations, ils ne donnaient pas d'autre définition que ces équations elles-mêmes. Ainsi ont fait et proposé de faire Hertz, Cohn, Heaviside* et, peut-être, Boltzmann.

C'est parce que nous n'avons voulu renoncer ni au témoignage des sens ni aux lois de la raison que nous n'avons cessé de lutter contre la théorie de Maxwell, en faveur de la théorie de Helmholtz. Nos efforts ont-ils été couronnés de succès ? Reconnaissons-le franchement, ils sont demeurés sans aucun effet ; on ne les a ni approuvés ni blâmés ; nul n'en a tenu compte. Le raisonnement n'a point de prise sur qui déclare qu'il ne se soucie pas d'avoir raison. Or, une admiration déréglée pour l'œuvre de Maxwell a, chez nombre de physiciens, engendré cette opinion : il importe peu qu'une théorie soit logique ou absurde ; on lui demande seulement de suggérer des expériences.

Si cette opinion devait être générale et définitive, nous aurions singulièrement gaspillé notre vie, puisque nous l'avons consacrée tout entière à édifier une doctrine aussi rigoureuse, aussi exactement coordonnée que possible.

Mais un jour viendra, n'en doutons pas, où l'on reconnaîtra que le rôle unique de la théorie physique n'est pas de suggérer des expériences ; que ce n'en est même pas le rôle principal ; qu'avant tout, la théorie a pour but de classer et d'ordonner le chaos des faits que l'expérience nous a révélés ; ce jour-là, on reconnaîtra que l'œuvre électrodynamique de Helmholtz était vraiment une belle œuvre et que nous avons bien fait de nous y tenir. La Logique peut être patiente, car elle est éternelle. »

## *Contre Einstein*

Ce ne sont pas tout à fait les mêmes raisons qui ont conduit Duhem à refuser la théorie de la relativité. Chez Maxwell, c'est la méthode qui est condamnée, chez Einstein, c'est plutôt le « non-sens ». Malheureusement, Duhem n'a pas vécu assez longtemps pour connaître les travaux expérimentaux qui apportaient les preuves de la pertinence et de la valeur des théories d'Einstein... Cela eût-il modifié son attitude ? Rien n'est moins sûr... Mais le caractère « crucial » de ces expériences aurait sans nul doute provoqué de nouvelles interrogations chez l'énergétiste et de nouveaux arguments.

Le seul ouvrage dans lequel l'auteur de la *Théorie physique* donne son opinion sur ce qu'il appelle la « Physique nouvelle » est publié en 1915. Il y reproduit des conférences sur *la Science allemande* données à Bordeaux sous les auspices de l'Association catholique des Étudiants de l'Université. Au-delà de l'aspect militant des interventions du savant, destinées à mobiliser la jeunesse française contre l'Allemand, on y découvre des idées développées ailleurs et depuis fort longtemps par Duhem, relatives aux caractères particuliers de l'évolution scientifique des nations européennes, formulées dans la *Théorie physique* dix ans auparavant. Pour Duhem le problème est celui de l'« esprit géométrique », à l'égard duquel il manifeste une méfiance extrême, notamment lorsque les conclu-

**Albert Einstein** (1879-1955) au début du siècle.

sions, auxquelles aboutissent ceux qui le pratiquent, bouleversent – et c'est le cas pour la théorie de la relativité – ce que Duhem appelle le « sens commun », notion pour le moins fort mal définie dans le domaine scientifique. Duhem donne son opinion sur la relativité en 1915, dix ans après la publication des premiers travaux d'Einstein, quatre ans avant la vérification spectaculaire du bien-fondé des théories de la relativité générale. La mise en évidence d'une déviation de la lumière dans un champ gravitationnel – celui du soleil – le 29 mai 1919, par l'astronome anglais Eddington*, donnait des résultats conformes aux calculs d'Einstein. Cette nouvelle cosmologie, née de la nécessité de dépasser les contradictions qui avaient plongé la physique dans une véritable crise, trouvait là sa justification et mettait un terme aux doutes des physiciens. Ces interrogations provoquées par l'expérience de Michelson*-Morley*, dont l'« échec » démontrait la constance de la vitesse de la lumière dans tous les systèmes de référence galiléens, étaient donc levées. Les observations d'Eddington installaient définitivement la physique nouvelle dans le champ des théories incontestées sur des bases peu conformes au fameux « sens commun » de Duhem, physicien peu enclin aux audaces relativistes. Il écrit dans *La Science allemande :*

« La physique nouvelle ne s'est pas contentée d'entrer en conflit avec les autres théories physiques et en particulier avec la mécanique rationnelle ; la contradiction avec le sens commun ne l'a pas fait reculer.

[...] Les deux notions d'espace et de temps semblent, à tous les hommes, indépendantes l'une de l'autre. La nouvelle physique les unit entre elles par un lien indissociable. Le postulat qui noue ce lien et qui, vraiment, est une définition algébrique du temps, a reçu le nom de principe de relativité ; ce principe de relativité d'ailleurs, est si pleinement une création de l'esprit qu'on ne saurait, en langage ordinaire et sans recours aux formules algébriques, en donner un énoncé correct.

Du moins peut-on montrer, en citant une des conséquences du principe de relativité, à quel point la liaison qu'il établit entre la notion d'espace et la notion de temps heurte les affirmations les plus formelles du sens commun.

Entre la grandeur du chemin parcouru par un corps mobile et le temps que dure ce parcours, notre raison n'établit aucun rapport nécessaire ; quelque long que soit un chemin, nous pouvons imaginer qu'il soit décrit en un temps aussi petit que nous voudrons ; si grande que soit une vitesse nous pouvons toujours concevoir une vitesse plus grande. Sans doute, cette vitesse plus grande pourrait être, en fait, irréalisable ; il se pourrait qu'aucun moyen physique n'existât actuellement qui fût capable de lancer un corps avec une vitesse supérieure à une limite donnée ; mais cette impossibilité, borne imposée au pouvoir de l'ingénieur, n'aurait rien d'une absurdité infranchissable à la pensée du théoricien.

Il n'en est plus de même si l'on admet le principe de relativité tel que l'ont conçu un Einstein, un Max Abraham*, un Minkowski*, un Laue* ; un corps ne saurait se mouvoir plus vite que la lumière ne se propage dans le vide ; et cette impossibilité n'est pas une simple impossibilité physique, celle qu'entraîne, pour un effet, l'absence de tout moyen apte à la produire ; c'est une impossibilité logique ; pour un tenant du principe de relativité, parler d'une vitesse qui surpasse celle de la lumière, c'est prononcer des mots qui sont dénués de sens, c'est contredire à la définition même du temps.

Que le principe de relativité déconcerte toutes les intuitions de sens commun, ce n'est pas, bien au contraire, pour exciter contre lui la méfiance des physiciens allemands. Le recevoir c'est, par le fait même, renverser toutes les doctrines où il était parlé de l'espace, du temps, du mouvement, toutes les théories de la mécanique et de la physique, une telle dévastation n'a rien qui puisse déplaire à la pensée germanique... Si cette physique nouvelle, dédaigneuse du sens commun, heurte tout ce que l'observation et l'expérience avaient permis de construire dans le domaine de la mécanique céleste et terrestre, la méthode purement déductive n'en sera que plus fière de l'inflexible rigueur avec laquelle elle aura suivi jusqu'au bout les conséquences mineures de son postulat... Ainsi s'est faite la physique de la relativité, ainsi la Science allemande progresse fière de sa rigidité algébrique, regardant avec mépris le bon sens que tous les hommes ont reçu en partage. »

Duhem est loin d'être le seul à condamner ainsi les tenants de la physique nouvelle. Les conceptions d'Einstein ont mis du temps à s'imposer dans la communauté scientifique mondiale. A l'exception d'éminents spécialistes tels Laue en Allemagne, A.S. Eddington en Angleterre, Paul Langevin en France, il fallut en fait attendre les confirmations expérimentales de 1919 pour voir ces théories admises puis largement diffusées. Néanmoins, de longues années après, quelques universitaires, rarement physiciens, se commettaient encore en pamphlets contre Einstein... La lecture attentive de ces ouvrages démontre cependant que les véritables intentions des auteurs avaient peu de rapport avec les sciences physiques et qu'au-delà d'Einstein, c'étaient les idées nouvelles que l'on voulait ainsi indirectement ruiner et combattre au travers de la relativité.

La condamnation des théories d'Einstein chez Duhem ne saurait être confondue avec les critiques émises par les auteurs de ces pamphlets. Par exemple, *Les hallucinations des Einsteiniens* ou les *Erreurs de méthode chez les physiciens-mathématiciens*, (Christian Cornelissen, Blanchard, Paris, 1923) où l'on peut lire : « M. Einstein nous fait souvent penser, dans l'élaboration de ses idées et intuitions, à Karl Marx avec qui il a encore de commun la brillante imagination judéoorientale... ».

Non, la critique de Duhem est autre. Le physicien avait fort bien analysé les théories et compris la signification des nouvelles propositions élaborées par Einstein. Les reproches ne portent nullement sur la cohérence de la théorie de la relativité mais sur les fondements mêmes qui heurtent les affirmations les plus formelles du « sens commun » à propos de l'espace et du temps. Les tentatives de Duhem destinées à ordonner les résultats obtenus à partir de recherches effectuées dans des domaines en plein essor tels l'électromagnétisme, la structure de la matière, et à les classer à l'intérieur de la théorie que le physicien entend construire, se sont avérées vaines. Au moment même où l'auteur du traité tente d'organiser le réel selon les méthodes de la physique classique, la structure et la conception traditionnelle de ce réel basculent ; seules les disciplines peu touchées par ces bouleversements vont se plier à la volonté du physicien-théoricien.

CHAPITRE VI

# Apport scientifique de Duhem

## *Le promoteur de la chimie physique*

Les sciences physico-chimiques sont, à l'évidence, celles qui se sont le mieux prêtées à la méthode de Duhem. L'énergétique a, dans ce domaine, démontré son efficacité. Selon Duhem, ce sont bien les méthodes de l'énergétique qui ont abouti aux résultats remarquables et « admirables » de Berthollet*, Sainte-Claire Deville*, Moutier et Gibbs. Dans son *Introduction à la Mécanique chimique,* publiée en 1893, Duhem fait d'abord référence aux travaux de Berthollet et plus précisément à l'*Essai de Statique chimique* qui date de 1803. Dans cet « admirable livre », Duhem découvre les fondements de la physico-chimie. Il considère la tentative de Berthollet, de réduire les phénomènes chimiques aux grandes lois de la mécanique newtonienne, comme extrêmement pertinente. Cette tentative conduit Berthollet à introduire pour la première fois en chimie la notion et le mot d'équilibre chimique, « magnifique exemple de la fécondité de cette idée », selon Duhem.

Ces principes formulés par Berthollet sont adoptés par Laplace – voisin de Berthollet à Arcueil – qui a d'ailleurs collaboré à l'*Essai de Statique chimique.* Nombre d'idées contenues dans ce dernier ouvrage se trouvent en germe dans la *Mécanique céleste* débutée en 1799 et dans l'*Exposition du système du monde* de Laplace*, publiée en 1796. Mais c'est à Sainte-Claire Deville que l'on doit, selon Duhem, les premiers résultats les plus remarquables. Dans l'*Introduction à la Mécanique chimique,* Duhem renvoie le lecteur aux travaux du grand chimiste sur la dissociation et les changements d'états publiés dans le *Journal de Physique* en 1872 :

> « H. Sainte-Claire Deville affirme avec persistance le parallélisme absolu, l'analogie complète entre le mécanisme des réactions chimiques et le mécanisme des changements d'état physique. Cette analogie, il la fait éclater à tous les yeux par le rapprochement de la tension de dissociation et de la tension de vapeur

saturée... Toutes les expériences de physique sur les changements d'état et de matière, écrivait Sainte-Claire Deville, ont un grand intérêt, parce qu'elles se rapportent directement au rôle que la chaleur joue le plus fréquemment dans les phénomènes naturels. Ces changements d'état sont très variés : ils sont caractérisés par des différences de densité, de forme cristalline, de couleur ; par la forme solide, liquide ou gazeuse ; par le fait que des corps hétérogènes sont ou mélangés ou combinés entre eux, etc. Si on les explique, comme on le fait aujourd'hui, en admettant le mouvement des molécules matérielles ou de l'éther, par la diminution ou l'augmentation des forces vives ou du travail dont ces molécules sont capables, si l'on tient compte des idées si nettement introduites par M. Macquorn Rankine dans la thermodynamique, on voit qu'il est fort utile de décomposer l'énergie potentielle correspondant aux changements d'état en autant de travaux partiels qu'il y a de phénomènes particuliers correspondant au phénomène total que cette énergie accuse ou détermine...

[...] Je rappellerai, dans ce court article, les analogies que j'ai établies entre les phénomènes de la décomposition des corps complexes et les phénomènes de la vaporisation des liquides. Ils sont continus les uns comme les autres et cette continuité dans la décomposition de certains corps constitue la dissociation, en tout comparable à la vaporisation. »

Une façon d'appliquer à la chimie les grandes lois de la mécanique... et de préparer les travaux ultérieurs de Duhem sur la thermodynamique chimique dans une démarche que l'énergétiste oppose à celle de la thermochimie – notamment celle de Berthelot – qu'il juge réductrice. L'auteur du *Traité élémentaire de mécanique chimique, fondée sur la thermodynamique,* publié en 1899, rend à sa façon un hommage à Sainte-Claire Deville lorsqu'il écrit : « Pendant que s'édifiait le système thermochimique, Sainte-Claire Deville le détruisait pièce à pièce ». Les convergences ne se limitent pas à cela entre les deux hommes. On ne peut pas ne pas penser à Duhem lorsqu'on lit ce que disait Sainte-Claire Deville en 1880 à propos des atomes, dans les *Comptes Rendus* de l'Académie des sciences :

« Je n'admets ni la loi d'Avogadro*, ni les atomes, ni les molécules, ni les forces, ni les états particuliers de la matière, refusant absolument de croire à ce que je ne puis ni voir ni même imaginer et j'avoue que si les combinaisons complexes se décomposaient toujours avant de se vaporiser, je n'en serais pas autrement affecté. Mais le tout, c'est de le démontrer ».

**Une leçon de Sainte-Claire Deville** sur l'aluminium
à l'École Normale Supérieure. (Tableau de Léon-Auguste Lhermitte.)

Ajoutons que la communauté des chimistes français, y compris Berthelot, a longtemps refusé de reconnaître la réalité des atomes. Seul Wurtz fait exception. Il combattit avec acharnement en faveur de la théorie atomique – titre d'un de ses ouvrages publié en 1875 – et de son introduction dans les activités de recherche et d'enseignement de la chimie.

Mais c'est à Gibbs assurément que Duhem attribue l'essentiel de ses convictions en matière de physicochimie. Il cite Gibbs dans de nombreux travaux et fait référence au mémoire capital publié en 1875 par le savant américain intitulé *On the Equilibrium of Heterogeneous Substances.* Gibbs s'intéressait à la thermodynamique. Il avait une grande connaissance des mathématiques. Il s'attachait à étendre l'application des principes de la thermodynamique à l'étude des alliages complexes et hétérogènes que l'on rencontre en chimie et en métallurgie. Ostwald appelait Gibbs « le fondateur de l'énergétique chimique ». Rien d'étonnant à ce que Duhem ait été inspiré par les travaux de l'auteur de la fameuse règle des phases, que Gibbs présentait dans la première partie du célèbre mémoire. Dès 1887, c'est-à-dire moins de douze ans après la publication du professeur de Yale, Duhem consacre une *Étude sur les travaux thermodynamiques de M.J. Willard Gibbs* dans le *Bulletin des Sciences mathématiques.* Pour qui a étudié l'œuvre de Gibbs et buté parfois sur les difficultés théoriques et les raccourcis mathématiques fréquents dans les développements proposés, il faut savoir gré à Duhem d'avoir apprécié à leur véritable valeur les travaux du physicien mathématicien américain, et d'en avoir assuré la diffusion en France notamment avec Henry Le Chatelier*, traducteur de l'ouvrage principal de Gibbs sous le titre : *Équilibre des systèmes chimiques,* publié en 1899.

Dès 1886, dans son premier ouvrage publié chez Hermann sous le titre *Le potentiel thermodynamique et ses applications à la mécanique chimique et à l'étude des phénomènes électriques,* où sont reprises les conclusions de la thèse présentée et refusée en 1884, Duhem met en évidence l'apport de Gibbs à la thermodynamique. Avec Le Chatelier qui regrettait que la portée des travaux de Gibbs n'ait pas été immédiatement reconnue et que leur influence sur les

**Josiah-Willard Gibbs** (1839-1903).

progrès de la science n'ait pas été ce qu'elle aurait dû être, Duhem fut l'un des très rares, et le plus éminent, porte-parole des idées de Gibbs dans la communauté scientifique française.

Parmi les chimistes français de renom, Henry Le Chatelier semble avoir été le seul à apprécier les travaux de Duhem. La lettre qu'il adressa à l'auteur du *Traité élémentaire de mécanique chimique* illustre à la fois l'intérêt porté par Le Chatelier à l'œuvre du professeur de Bordeaux et l'influence de Berthelot sur les chimistes français :

> Paris, le 9 mars 1902
>
> Monsieur,
>
> Je vous suis très reconnaissant de l'envoi de votre *Traité élémentaire de mécanique chimique*. Si j'ai tardé aussi longtemps à vous en remercier, c'est que je n'avais pas encore pu trouver le temps de le parcourir. La tentative que vous avez faite de mettre à la portée des chimistes les principes généraux de cette science ne pourra être que très utile. Vous avez fait l'effort très méritoire pour vous de restreindre autant que possible les mathématiques et les polémiques personnelles, je ne doute pas que la prochaine fois vous n'arriviez à la perfection.
>
> Cette fois cependant, je crois que vous auriez pu supprimer sans inconvénient toutes formules algébriques au sujet des résistances passives attendu que aussi bien la forme des fonctions que leurs paramètres sont complètement inconnus à l'heure qu'il est. Il est bien possible que tous les phénomènes que vous rattachez à l'hystérésis se rapportent beaucoup plus en réalité à la viscosité. En somme, nous ne savons rien de précis aujourd'hui sur ces questions et il vaut mieux avouer notre ignorance que la masquer derrière des symboles vides.
>
> En ce qui concerne les polémiques, vous avez fait une sortie peu équitable pour ne pas oublier l'habitude de bêcher Monsieur Berthelot, sans le nommer, il est vrai, cette fois. Pour être juste, vous auriez dû renverser votre exposé, c'est-à-dire au lieu de proclamer la fermeté du principe en débutant, proclamer son exactitude en faisant remarquer qu'il suppose certaines conditions toujours remplies dans les expériences calorimétriques. Ou si vous tenez à redresser quand même toutes les erreurs, il ne fallait pas passer sous silence celles de l'un de vos collègues de l'École Normale, éminent professeur de thermodynamique, qui a enseigné et imprimé pendant de nombreuses années que le principe en question était applicable en thermochimie parce que dans les conditions habituelles des expériences, le travail extérieur peut être

considéré comme très petit vis-à-vis de l'énergie chimique. C'est-à-dire ne se rendant pas compte que dans un cycle fermé le travail peut être rigoureusement nul. C'est une erreur de principe autrement grave que de formuler un principe empirique qui se trouve en somme être vrai dans tous les cas où on l'applique.

Sur l'ensemble de votre ouvrage, je regrette que l'on ne puisse se débarrasser de l'attirail si touffu de la vieille thermodynamique classique, avec son entropie qui est d'un usage déplorable au point de vue de l'enseignement un peu élémentaire. Il est beaucoup plus simple d'introduire de suite la notion de force chimique ou potentiel.

Veuillez agréer, encore une fois, mes remerciements.

H. Le Chatelier.

La vieille thermodynamique classique, avec son entropie, allait pourtant connaître un destin glorieux que peu de scientifiques, à l'époque, imaginaient. Il faut rendre à Duhem cette justice : il est celui qui, en France, a approfondi, plus que tout autre, cette notion d'entropie, sans doute compliquée mais extrêmement féconde, utilisée pour la première fois en 1865 par Rudolf Clausius dans sa *Théorie de la chaleur* : « Je préfère, écrit Clausius, emprunter aux langues anciennes les noms de quantités scientifiques importantes, afin qu'ils puissent rester les mêmes dans toutes les langues vivantes ; je proposerai donc d'appeler S l'entropie du corps d'après le grec *tropé,* transformation... C'est à dessein que j'ai formé ce mot de manière qu'il se rapproche autant que possible du mot énergie car ces deux quantités ont une telle analogie dans leur signification physique qu'une certaine analogie de dénomination m'a paru utile. »

On doit également à Duhem l'utilisation des potentiels thermodynamiques dans les différentes disciplines de la physico-chimie. L'expression de ce potentiel en chimie, déterminé à partir des constituants du mélange, fournie par Duhem dans le premier ouvrage édité, *Le potentiel thermodynamique* (1886) – et probablement dans la thèse refusée – constitue assurément un apport de l'œuvre de Duhem, même si la même relation apparaît dans l'ouvrage de Gibbs publié près de dix ans auparavant. L'équation est aujourd'hui présentée comme *équation de Gibbs-Duhem.* Et pourtant cette contribution assure l'immortalité au scientifique français auquel on doit une démonstration mathématique extrêmement élégante de la relation de Gibbs, s'appuyant sur le théorème d'Euler* appliqué aux fonctions homogènes.

Les lecteurs avertis connaissent bien cette équation qui permet de décrire l'état d'un système chimique, en phase ouverte, à partir des variables intensives suivantes :

**Soutenance de thèse de Paul Saurel,** élève américain de Duhem.

P, la pression
T, la température
$\mu_i$, les potentiels chimiques des constituants

et de

$n_i$, nombre de moles de chaque constituant
V, le volume
S, l'entropie

L'équation de Gibbs-Duhem s'écrit :

$$S\,dT - V\,dp + \Sigma n_i\,d\mu_i = 0$$

ce qui donne pour une transformation isobare et isotherme :

$$n_i\,d\mu_i = 0$$

et $dG = \Sigma \mu_i\,dn_i$ (G : enthalpie libre)

Gibbs reconnaissait en Duhem un disciple susceptible d'exploiter et d'enrichir ses propres travaux. Les deux hommes s'adressaient leurs travaux respectifs. La correspondance entre Gibbs et Duhem, entre l'Université de Yale et celle de Bordeaux, ne cessa qu'en 1903, à la mort du professeur américain.

Duhem a découvert Gibbs grâce à Jules Moutier qui fut son maître à Stanislas en 1879. Dans la notice sur les titres et travaux scientifiques que Duhem rédige en 1913, à l'occasion de son élection à l'Académie des sciences, il ne manque pas de signaler ce qu'il doit à Moutier :

> « Jules Moutier, qui nous fit aimer les théories de la physique, se plaisait surtout à nous entretenir des applications de la thermodynamique à la mécanique chimique ; de ces applications, alors toutes récentes, la première lui était due et il en avait donné de très importantes. Nos premières lectures furent donc celles d'écrits où la théorie de la chaleur servait à fixer les lois des réactions chimiques. Ainsi nous arriva-t-il d'étudier, alors que nous étions encore élève de Moutier, l'exposé de la doctrine de J. Willard Gibbs donné par M. Georges Lemoine* dans ses *Études sur les équilibres chimiques* et le premier mémoire *Zur Thermodynamik chemischer Vorgänge,* que Helmholtz venait de présenter à l'Académie de Berlin. Ces ouvrages nous ont montré la voie sur laquelle nous nous sommes dès lors engagé pour ne plus la quitter. »

Jules Moutier, dont les travaux passèrent pratiquement inaperçus, n'en fut pas moins l'auteur d'une vingtaine de communications qui figurent dans les *Comptes Rendus* de l'Académie des sciences entre 1866 et 1890, la plupart d'entre elles couvrant la période de 1866 à 1875 et portant sur l'étude des quantités de chaleur qui accompagnent les transformations physiques et chimiques (phénomènes d'aimantation, de dissolution, de dissociation). Professeur au collège Stanislas, puis examinateur à l'École polytechnique, Moutier est l'auteur d'un ouvrage publié en 1885 sous le titre *La Thermodynamique et ses applications,* dans lequel se trouvent en germe les idées essentielles que Duhem reprendra, développera et exploitera.

Le rôle joué par Pierre Duhem dans la promotion de la chimie physique est indissociable d'une volonté de favoriser et de mettre en œuvre l'activité d'un courant « énergétiste » dans la science française. Courant spécifique, distinct par exemple de celui animé par Ostwald en Allemagne, dont Duhem appréciait mal les incursions dans le champ de la philosophie. Ainsi, Duhem ne s'engagea pas directement dans le vif débat qui opposa « énergétistes » et « matérialistes » à l'occasion de la publication dans la *Revue générale des Sciences* en 1895 de l'article d'Ostwald : *La déroute de l'atomisme contemporain,* auquel répondirent Cornu et Brillouin. Ses sympathies personnelles l'entraînaient à défendre Ostwald ; néanmoins, le terrain sur lequel s'engageait l'affrontement ne pouvait convenir aux orientations philosophiques du Français.

Duhem évita ainsi de verser dangereusement dans des débats qui relevaient, selon lui, davantage de la métaphysique que de la pratique scientifique de la physique.

## *Le pionnier de la thermodynamique des processus irréversibles*

Lorsque Duhem s'engage dans la réalisation de son œuvre, l'énergétique, la conviction est largement partagée que la thermodynamique peut se contenter des résultats et des succès obtenus dans l'étude des conditions de l'équilibre. L'étude des systèmes hors équilibre fait appel aux notions de chaleur compensée et d'entropie qui semblent à la plupart des chimistes et des physiciens bien mal définies et mal précisées.

Le physicien contemporain Glansdorff*, collaborateur de Prigogine*, avec lequel il a écrit de nombreux ouvrages, indique à propos de l'état des recherches en thermodynamique à la fin du XIXe siècle :

> « Ainsi, progressivement, la thermodynamique classique telle qu'on la désigne aujourd'hui, prenait la forme définitive d'une discipline achevée, tandis que les tentatives en faveur d'une théorie macroscopique des phénomènes irréversibles, conçue comme discipline autonome basée sur les deux principes fondamentaux, devenait de plus en plus rares.
>
> La théorie générale de l'équilibre, de ses caractéristiques et de ses conditions connaît un essor considérable, tandis que l'étude des processus irréversibles à laquelle le second principe n'apporte finalement qu'une contribution qualitative, fait simplement l'objet de recherches limitées et éparses qui sont le fait de pionniers. Ces travaux, notamment ceux de Duhem, ne présentent cependant pas un caractère suffisant de généralité pour qu'on puisse réellement parler à propos des phénomènes irréversibles d'une science véritablement nouvelle. On devine néanmoins dans l'approche de Duhem, plus qu'une conviction, l'affirmation de l'existence d'un domaine inédit de recherche. »

En effet, dans la notice de 1913, Duhem traitant des modifications permanentes et de l'hystérésis écrit :

> « La théorie du frottement et des faux équilibres constitue une des branches aberrantes qui se détachent du tronc principal de l'énergétique : sur le même tronc et au même point, vient

s'insérer une autre branche aberrante, la théorie des modifications permanentes et l'hystérésis. En effet, en un système susceptible de modifications permanentes, comme en un système affecté de frottements, il n'y a plus d'équation d'équilibre, plus de modification réversible ; pourtant le Principe de Carnot* et ses conséquences ne sauraient être appliqués à un tel système avant que des hypothèses particulières n'en aient justifié et délimité l'emploi. »

L'étude de ces « branches aberrantes » devait connaître de très grands développements avec l'essor de la thermodynamique des phénomènes irréversibles. Bien entendu, lorsque Duhem s'engage dans la construction de son énergétique, la voie des recherches sur les phénomènes irréversibles est déjà tracée. Dès 1865, Clausius a formulé la notion d'entropie et énoncé l'inégalité à partir de laquelle il définit la chaleur non compensée, c'est-à-dire la source d'entropie. Clausius avait formulé le Second Principe de la manière suivante : *« Die Entropie der Welt strebt einem Maximum zu »* (l'entropie de l'univers tend vers un maximum). Duhem reprochait à cette formulation d'alimenter des « débats cosmologiques hasardeux ». Mais l'œuvre de Duhem démontre que l'auteur en avait mesuré l'aspect dynamique, lié à la notion de *processus,* comme cela devait être mis en évidence dans les développements ultérieurs de la thermodynamique.

L'étude macroscopique des systèmes thermodynamiques a permis de définir la fonction d'état S (entropie du système). Au cours d'une évolution élémentaire on peut écrire :

$$d\,S = d_e\,S + d_i\,S$$

$d_e\,S$ sera l'entropie échangée avec le milieu extérieur, $d_i\,S$, l'entropie créée au sein du système.

Quelle que soit cette évolution, l'entropie créée à l'intérieur du système est toujours positive ou nulle.

$d_i\,S \geqslant 0$ ($T\,d_i\,S = d\,Q'$ représente la chaleur non compensée), l'égalité caractérisant une évolution réversible.

L'inégalité $d_i\,S \geqslant 0$ définit un sens passé-futur.

Le comportement des systèmes macroscopiques impose ce que l'on a coutume d'appeler la flèche du temps. La mécanique rationnelle et générale ignorait ce concept. Lorsqu'on remplace en effet dans les équations de la dynamique les variables t par $-t$, on inverse seulement le mouvement. Les modifications irréversibles, seules, font apparaître, avec la production ou source d'entropie, une direction privilégiée du temps. Cette approche nouvelle dans l'étude des phénomènes, en rupture avec les conceptions « symétriques » de la mécanique rationnelle, devait nourrir, outre les discussions scientifiques, d'importants débats chez les philosophes eux-mêmes.

Gibbs avait donné une formulation judicieuse de cette notion liée au temps :

> « Il ne faut pas oublier, lorsque nos ensembles sont choisis pour représenter les probabilités des événements dans le monde réel que, si les probabilités des événements subséquents peuvent être souvent déduites de celles des événements antérieurs, il est bien rare que les probabilités des événements antérieurs puissent être ainsi déduites de celles des événements subséquents, car il est rare qu'on ait le droit d'exclure la considération de la probabilité antécédente des événements antérieurs. »

Toute la science de l'irréversible prend son origine dans l'évaluation des chaleurs non compensées. Son développement devait aboutir à un classement de processus irréversibles étudiés en deux catégories principales. Les processus de la première catégorie sont liés à la non-uniformité du système, c'est-à-dire qu'ils sont provoqués par des gradients de paramètres intensifs. Les processus parmi lesquels figurent, par exemple, la conduction thermique sont appelés *phénomènes de transport*. L'autre catégorie comprend tous les phénomènes irréversibles dont un système uniforme peut être le siège. Les processus de cette catégorie, dont les réactions chimiques fournissent l'exemple le mieux connu, sont appelés *phénomènes de relaxation*.

On doit à Duhem les premiers calculs de chaleur non compensée relatifs à des phénomènes de transport. Ils datent de 1911. C'est à Donder* que l'on doit le calcul explicite de la chaleur non compensée relative à une réaction chimique, phénomène de relaxation. Les premiers travaux de Donder à ce sujet datent des années 1920. Les travaux de Duhem se situent donc dans la toute première phase de l'étude des phénomènes irréversibles à l'aide des méthodes de la thermodynamique macroscopique.

Dans la théorie de la thermodynamique, les états d'un système dans un environnement contrôlé (système et environnement constituant l'objet d'étude) sont définis de la manière suivante :

> L'environnement est soumis à un certain nombre de *contraintes fixées* par l'observateur. Le système est alors le siège d'un ensemble de *réponses mesurées* par l'observateur. Des transferts s'effectuent entre système et environnement (flux). L' *état d'équilibre* est atteint dans les conditions suivantes :
>
> – Réponses indépendantes du temps. Tous les flux sont nuls. La source d'entropie est nulle.
>
> – L'état stationnaire est réalisé lorsque les réponses sont indépendantes du temps. Un flux au moins n'est pas nul. La production d'entropie est minimale.

– L'état d'évolution ou état transitoire. Les réponses dépendent du temps. Les flux ne sont pas nuls.

– Dans les cas d'évolution proches de l'état d'équilibre les forces et les flux généralisés dont le produit représente la source d'entropie, sont proportionnels ; nous avons affaire à la thermodynamique linéaire des processus irréversibles. Au voisinage de l'équilibre, le lien le plus simple que l'on puisse établir est le lien linéaire et homogène.

Cette méthode, comme l'indique Glansdorff, présentée dans un formalisme rigoureux, devait connaître par la suite des développements considérables, sous l'influence de ses nombreux disciples formant l'École thermodynamique de Bruxelles. A la suite de ces travaux, la production d'entropie prend la forme plus concrète et plus praticable d'une expression bilinéaire essentiellement positive du type

$$J_1 X_1 + J_2 X_2 + \dots \geqslant 0$$

entre les divers courants (flux) $J_i$ et forces généralisées $X_i$ du système.

C'est au norvégien Onsager que l'on doit, à partir de l'hypothèse de la proportionalité des flux aux forces généralisées que Duhem et Donder avaient implicitement admise, les *relations de réciprocité* vérifiées par les constantes phénoménologiques.

Dans l'expression $J_1 = L_{11} X_1 + L_{12} X_2 + \dots$

les coefficients $L_{ij}$ vérifient la relation :

$$L_{ij} = L_{ji} \ (i \neq j)$$

Toutes ces relations sont à la base du développement de la thermodynamique linéaire des processus irréversibles au voisinage de l'équilibre. Loin de l'état d'équilibre, cette proportionalité disparaît. L'étude des évolutions loin de l'équilibre constitue la thermodynamique non linéaire des processus irréversibles.

A propos de l'apport de la notion et des calculs de la chaleur non compensée, dans l'Introduction de l'ouvrage consacré à l'*Étude thermodynamique des phénomènes irréversibles,* Prigogine écrivait en 1947 :

« La chaleur non compensée... est liée directement à la production d'entropie dans un système siège de phénomènes irréversibles. C'est Pierre Duhem qui, le premier, réalise l'importance de la chaleur non compensée et calcule dans son grand ouvrage *Énergétique* (1911) sa valeur explicite dans le cas de la conductibilité thermique et de la viscosité. [Il ajoute, plus loin, à ce propos :] Ces travaux n'eurent que très peu de retentissement et on peut dire que le véritable développement de la thermodynamique des phénomènes irréversibles commence avec les recherches fondamentales de Donder relatives aux réactions chimiques irréversibles. »

Dans un ouvrage paru en 1977 sous le titre *L'irréversibilité, fondement de la stabilité du monde physique,* Francis Fer écrit :

« Déjà Clausius, avec sa "transformation non compensée" (1865) avait commencé à dégager le concept de génération d'entropie. Le premier calcul explicite (pour les irréversibilités de viscosité et de conductibilité thermique) est dû à Duhem. Mais le concept général n'a été pleinement mis en lumière que par les écoles belge et hollandaise dans l'entre-deux-guerres. »

Plus que la conscience claire du développement de la *Thermodynamique des processus irréversibles,* l'œuvre de Duhem révèle à la fois les limites et les insuffisances de la thermodynamique classique et la nécessité d'une énergétique nouvelle dont l'auteur trace les grandes lignes et définit les orientations prioritaires. Et l'auteur du *Traité d'énergétique ou de thermodynamique générale* réalise, à partir de là, des percées intéressantes dans l'étude et l'interprétation de certains phénomènes irréversibles liés au frottement, à la viscosité, à l'hystérésis et aux déformations permanentes. C'est là un immense pas dans l'histoire d'une science qui est en train, depuis Clausius, de définir ses bases et l'objet de son étude. On pourrait néanmoins reprocher à Duhem d'avoir consacré trop de temps à des études qui se sont avérées peu fécondes, par exemple celles des déformations permanentes. L'énergétiste engagea trois de ses disciples à travailler sur ce thème : Marchis sur les modifications permanentes du verre et du déplacement du zéro des thermomètres, Lenoble sur les déformations permanentes des fils métalliques et Chevallier, préparateur dans le laboratoire de physique à la faculté des sciences de Bordeaux, sur les variations permanentes de la résistance électrique des fils platine-argent. Les deux premiers travailleront loin de leur directeur de thèse. Marchis se trouve à Caen entre 1892 et 1896 alors que Duhem se trouve à Lille entre 1892 et 1893, à Rennes de 1893 à 1894 et enfin à Bordeaux. Lenoble travaille à Lille au laboratoire de chimie de l'École des Hautes Études Industrielles de l'Université entre 1897 et 1900, au moment où il prépare sa thèse. Ces situations similaires d'éloignement de leur directeur de thèse imposent aux deux futurs docteurs de présenter en détail, dans les lettres nombreuses adressées à Duhem, non seulement les travaux et les résultats obtenus, mais encore les difficultés rencontrées du point de vue expérimental dans leurs laboratoires respectifs. Les correspondances parallèles apportent des informations « de première main » sur les conditions du travail scientifique, à l'époque, dans des laboratoires de secteurs différents de l'Enseignement supérieur (Marchis dans l'Université publique, Lenoble dans une Université catholique). En outre, la correspondance de Marchis (plus familier, semble-t-il, que Lenoble avec Duhem, et portant des jugements analogues à ceux du maître sur les événements de l'époque) fourmille de détails pittoresques sur la vie de la communauté scientifique et également sur l'ensemble des préoccupations des Français, en cette fin de siècle.

Les trois lettres successives adressées les 17 septembre, 1er octobre et 15 octobre 1899 par Marchis à Duhem, extraites d'une riche correspondance, constituent à ces divers points de vue des témoignages éclairants :

Lille, le 17 septembre 1894

Mon cher Monsieur Duhem,

Voudriez-vous écrire à Liège pour savoir si je puis aller pendant huit jours au laboratoire de Dwelshauvers-Dery ? Voulez-vous demander si le professeur ou un assistant pourra me montrer en détail l'essai d'une machine à vapeur tel qu'on le pratique dans ce laboratoire et me donner le maximum de renseignements possible. Je sais bien que 8 à 10 jours, c'est peu ; mais je ne puis faire un plus long séjour. D'ailleurs j'arriverai là-bas ayant lu les ouvrages de Dwelshauvers ; je pourrai donc peut-être en très peu de temps avoir au moins une idée générale. Si on devait me faire passer à Liège sans rien me donner que de me montrer l'installation, je préférerais ne pas y aller. Je serai prêt à faire le voyage à partir du 5 octobre. Je me suis complètement remis au travail, mais je n'ai pu encore voir d'installations mécaniques (...) J'ai vu Lenoble hier ; il m'a promis de faire son possible et de me mettre en relations avec Witz. Je serai peut-être plus heureux de ce côté. Si je me présente chez divers industriels sans lettre d'introduction, on me recevra, on me montrera en gros l'installation et ce sera tout. Or c'est cela que je ne veux pas ; il me faut pouvoir flâner dans l'usine. C'est pour cela que je vous serais reconnaissant de bien préciser à votre correspondant de Liège dans quelles conditions je voudrais y aller pour que cela me soit de quelque utilité. Si d'ailleurs vous pensez qu'un séjour de huit jours serait trop court, dites 15 jours ; je ferais volontiers un sacrifice pour être à la hauteur du tour que je me propose de faire.

Vous avez certainement comme moi poussé un soupir de soulagement en apprenant le jugement de Rennes. Quoi qu'on en dise maintenant, il sera difficile de réhabiliter Dreyfus. Mais cette

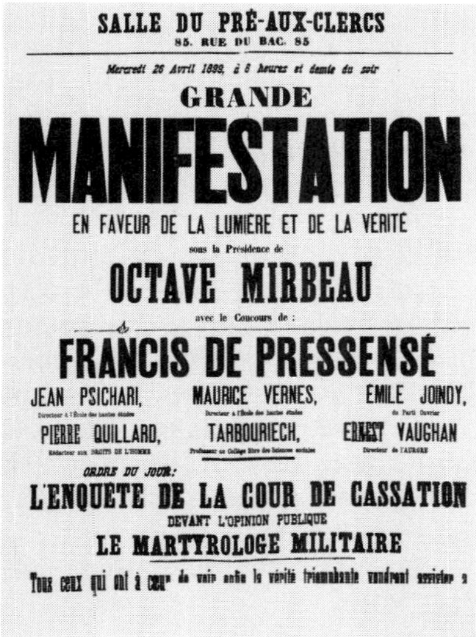


**C'est autour de la défense de Dreyfus** que se cristallise le parti des « intellectuels » (et que le mot rentre dans l'usage courant).

**En 1906,** la Cour de cassation casse la condamnation de Dreyfus, qui est réintégré dans l'armée, promu et décoré.
C'est la fin officielle de l'Affaire, mais l'antidreyfusisme restera vivace jusqu'à la fin de la IIIᵉ République.

conclusion de l'Affaire a pu éclairer les Français sur les sympathies de l'Europe et sur la puissance des Juifs. L'hypocrisie anglo-saxonne s'est donné libre cours ; elle a même été un peu loin. Des journaux modérément dreyfusards commencent à la trouver amère si j'en juge par un article virulent paru ce matin dans la *Petite Gironde* contre l'hypocrisie anglaise ; le rédacteur aurait pu généraliser et dire l'hypocrisie protestante. Je crois que Loubet a dû faire plutôt mauvaise mine, lui qui avait dit dans son discours de Rambouillet que tout le monde devait s'incliner devant l'Arrêt ; il escomptait un acquittement en disant cela. Enfin le cauchemar va peut-être bientôt finir… Nous assisterons d'ici peu à la distribution des récompenses ; le ministère doit bien cela à ses amis avant de s'en aller. Avez-vous vu l'attitude prise par Painlevé ? Faut-il qu'il grille d'envie soit d'être décoré soit d'entrer à l'Institut ? Et il a fallu que Poincaré mette encore son nez dans cette affaire. Tout cela est fort triste, bien que très instructif.

J'ai vu ces jours-ci M. Gosselet qui m'a chargé de toutes ses amitiés pour Mme Duhem et pour vous.

Edmond envoie à Hélène ses meilleurs baisers ; ma femme et moi nous adressons à Mme Duhem nos meilleurs souhaits de bonne santé.

Cordialement à vous,

Marchis

Lille, le 1er octobre 1899

Mon cher Monsieur Duhem,

J'ai reçu ce matin une lettre de M. Dwelshauvers-Dery qui me dit qu'à partir du 15 courant il se tiendra entièrement à ma disposition. Voici dès lors l'itinéraire que je me suis choisi.

Je partirai avec Edmond et sa maman le 10 pour aller à Gand chez l'oncle de ma femme ; j'y resterai là jusqu'au 13. Je partirai alors pour Liège par Bruxelles. Je repartirai de Liège le 24 ou le 25 pour rejoindre ma femme à Abbeville chez son frère ; j'en repartirai pour être le 1er novembre à Bordeaux. Je vous écrirai de Liège afin de vous donner mon adresse dans cette ville.

J'ai pu enfin avoir des autorisations pour visiter les usines et cela grâce à M. Lenoble qui a été très aimable.

Mercredi j'ai passé une partie de la journée chez Dujardin où on m'a fait voir depuis A jusqu'à Z toutes les pièces d'une machine à vapeur. Vendredi matin j'ai passé la matinée avec M. Letombe, constructeur d'une machine à gaz. Cette visite m'a beaucoup servi. M. Letombe a fréquenté autrefois la faculté des sciences de Lille ; il a même, m'a-t-il dit, suivi votre cours du soir sur la thermodynamique. Grâce à cette formation un peu similaire à la mienne, j'ai pu mieux le suivre que les autres ingénieurs. Car, il faut bien vous le dire, je commence à me faire au jargon ingénieur ; mais quant au raisonnement ingénieur, il me dépasse encore ; ces gens-là raisonnent d'une manière fantastique. Donc M. Letombe raisonnant un peu mieux que les autres et parlant un peu plus français, j'ai pu le suivre. Il construit un moteur vraiment remarquable comme marche ; il m'a fait voir un moteur de 50 chevaux qui est un véritable bijou de construction. Il paraît que les Allemands vont construire des moteurs à gaz de 200 à 300 chevaux ; nous sommes encore en retard de ce côté.

M. Letombe me fera visiter mardi prochain l'atelier des machines de l'usine de Fives-Lille. J'aurai donc une idée de ce que sont la machine à vapeur et la machine à gaz.

Hier matin je suis allé voir M. Witz. Lenoble s'était mis en tête de me présenter, croyant que je retirerais quelque chose de la conversation avec ce monsieur. Or je suis resté une heure dans le cabinet de M. Witz et malgré toute la diplomatie dont je suis capable, je n'ai pas pu lui tirer un seul renseignement. Chaque fois que je le mettais sur le chapitre machine à vapeur, il rompait habilement et parlait d'autre chose. Je n'ai même pas pu obtenir de lui qu'il m'indiquât dans la région une installation remarquable de machine à vapeur. Il n'a voulu rien, absolument rien me dire. Il a semblé tout le temps craindre une concurrence quelconque dans ce domaine où il est le maître incontesté dans le Nord. Donneur d'eau bénite de cour, il est cependant très dur pour ceux qui s'occupent de moteurs thermiques.

Il m'a dit pis que pendre de Dwelshauvers-Dery et de Leloutre. En somme j'ai perdu mon temps ; mais j'ai ri en sortant car ce pauvre M. Lenoble qui assistait à la conversation a cru devoir me faire des excuses pour le four que nous avions fait. Je l'ai consolé de sa déconvenue en lui disant que je m'attendais un peu à cette réception. A propos de M. Lenoble, il va répéter devant moi une série des expériences qu'il a faites en vue de sa thèse. J'ai déjà vu son installation et les précautions qu'il a prises ; il a travaillé avec beaucoup de soin et ses résultats méritent d'être considérés comme sérieux.

Je ne m'étonne pas de l'impression de tristesse que vous avez dû ressentir en constatant l'antinationalisme du Midi. Mais ne croyez pas que le Midi soit le seul pays sur lequel la gangrène se soit répandue. Le Nord ne vaut guère mieux. Par une félonie absurde et maligne des socialistes, le nationalisme et le cléricalisme sont deux mots synonymes. On ne peut pas être antidreyfusard sans être clérical ; on ne peut pas crier ‘‘Vive l’Armée’’ sans être un suppôt de sacristie. Dans les milieux ouvriers ou même bourgeois de Lille, Dreyfus est le nouveau Christ. On a du militaire un mépris et une haine tout à fait incompréhensibles. Q. de Beaurepaire avait bien raison de dire que l’on verrait la fin de l’Affaire Dreyfus mais que l’on ne verrait pas de sitôt disparaître l’état d’esprit qui s’appelle le dreyfusisme.

Je crains que notre pauvre pays ne soit encore plus malade qu’il ne le semble. Un indice déplorable, c’est le vide qui se fait dans les milieux parlementaires autour d’hommes comme Méline.

Quant aux instituteurs, cela ne m’étonne pas qu’ils soient tous dreyfusards. Ces magisters de village sont démangés du désir de jouer un rôle ; c’est toujours l’orgueil, le maudit orgueil qui entre en jeu. Et puis remontez à l’origine de leur formation ; les professeurs d’École Normale sont les êtres les plus pédants et les plus suffisants que je connaisse. On leur a appris un peu de tout et naturellement ils s’imaginent avoir la science infuse ; ils sont prêts à discuter de tout avec une égale incompétence. Or la plupart de ces professeurs sortent de Saint-Cloud où ils ont été pétris par les mains des Pécaut et des Buisson. Ils ont appris à parler sur n’importe quoi et sont imbus de l’intolérance des petites églises protestantes. Comment voulez-vous qu’après tout cela les pauvres instituteurs aient un grain de bon sens dans la tête ? Ajoutez de plus qu’on s’occupe toujours d’eux, qu’on leur fait faire des conférences et étonnez-vous après cela qu’ils jouent aux professeurs de faculté au petit pied. On médit avec raison des gouvernements de curés, mais je doute que les gouvernements de magisters et d’avocats valent mieux. Mais je m’arrête dans mes critiques ; je deviens un gibier de Haute-Cour.

Edmond envoie à Hélène ses meilleurs baisers ; nous adressons tous à Mme Duhem nos respectueux hommages.

Cordialement à vous,

Marchis

J’ai relevé dans le *Bulletin de la Société Industrielle* quelques mémoires intéressants ; me permettez-vous de les demander à Dunod pour le laboratoire ?

Lille, le 15 octobre 1899

Mon cher Monsieur Duhem,

Je viens de voir M. Dwelshauvers. J’ai été très bien reçu. Demain et mardi je ferai ma partie dans un essai de machines, je dis ma partie parce que nous sommes une dizaine autour du patron pendant un essai. Je suis préposé demain avec l'assistant à la prise des diagrammes et au planimétrage. De mercredi à la fin de la semaine j'assisterai le patron dans un démontage de la machine et dans le commencement d'une expérience qui sera continuée plus tard. Je crois que mon séjour à Liège me sera très profitable. S'il me fallait faire un long séjour je pourrais trouver le brave homme un peu crampon. Aujourd'hui dimanche il m'a tenu dans son laboratoire de 10 h du matin à 1 h 1/2 de l'après-midi. A partir de midi et demi, l'estomac commençait je vous l'avoue à réclamer, mais il m'a fallu absorber un tas d'histoires qui n'avaient que peu de relations avec le sujet pour lequel je suis venu. Enfin si dans le tas je ramasse beaucoup de choses j'en serai content. Seulement je devrai en rentrant en France soigner mon estomac, car depuis huit jours la cuisine flamande le soumet à un sensible exercice.

Mon séjour en Belgique n'est pas pour me faire aimer Dreyfus. Je vois annoncer sur tous les murs des pièces où l'on fait son apothéose et où l'on bafoue nos généraux. Le théâtre flamand de Gand a été inauguré par une telle pièce. J'aurai de ce côté beaucoup de choses à vous raconter en rentrant. Aussi, comme je ne puis rien dire, je rétablis l'équilibre en lisant la *Libre Parole.* Jeudi dernier j'ai failli me faire empoigner par un Youtre au moment où je l'accostais à la gare de Gand. Heureusement qu'il s'est ramassé quand je lui ai demandé ce qu'il me voulait ; j'avais déjà la canne levée pour lui en coller un bon coup. Me voyez-vous reconduit en France entre deux gendarmes belges ! Ici je ne vais penser qu'à la machine à vapeur, cela me calmera surtout si Dwelshauvers me soumet au jeûne.

Tous mes hommages à Mme Duhem, un bon baiser à Hélène,

Cordialement à vous,

Marchis

Hôtel de Dinant, Liège.

Je vous raconterai une histoire de Construction d'Institut zoologique dans laquelle il est montré que les docteurs belges valent les nôtres. »

La lettre adressée par Lenoble le 4 janvier 1897, dans laquelle il remercie Duhem de diriger ses travaux de thèse, illustre les difficultés rencontrées par le jeune chimiste – il enseigne à cette époque à la faculté des sciences de l'université catholique de Lille.

Lille, le 4 janvier 1897

Local

« [...] Je suis installé dans une cave, sous mon laboratoire, lequel est éloigné d'une vingtaine de mètres des murs entourant notre bâtiment.

Les parois de cette cave sont formées de murs épais, enterrés jusqu'à une hauteur de 2 mètres et toutes les ouvertures sont munies d'une double clôture, de telle sorte que les variations de température sont peu considérables. D'ailleurs, un poële Mesney chauffé par un Bunsen commandé par deux régulateurs, permet d'y maintenir une température constante. Les produits de la combustion sont conduits au dehors par une série de tuyaux.

Toutes les lumières nécessaires pour ce travail ont été placées à l'extérieur, afin d'éviter l'élévation de la température et l'accumulation de la vapeur d'eau.

Dans la salle, se trouvent constamment plusieurs vases remplis de chaux vive.

A un endroit, le sol a été creusé, de cette façon on y dispose d'une hauteur de 3 m 30. Au même endroit, une forte pièce de bois a été scellée dans le plafond ; elle supporte une armature qui sert à fixer les fils en expérience.

Instruments

Je possède

1 °) Un grand cathétomètre à 2 lunettes de la Société genevoise. Il est installé sur un bloc solide de maçonnerie. On peut, à l'aide de cet instrument, lire aisément le 12000$^{e}$ de millimètre et je pense qu'on peut répondre du 1/100$^{e}$ de millimètre, peut-être du 1/200$^{e}$... La plus grande longueur qu'on peut mesurer est 1 mètre.

2 °) Un mètre étalon en H de la Société genevoise, gradué sur le plan médian, placé dans un support permettant de l'installer verticalement.

3 °) Un point de Wheatstone, de Carpentier, semblable à celui qui a servi pour établir la valeur de l'ohm légal, au Bureau international des Poids et Mesures. La résistance du fil à mesurer étant généralement comprise entre 1/2 ohm et 1 ohm, j'ai formé les résistances accessoires de fils de ferronickel de 1 mm de diamètre. La résistance de 1 mètre de longueur de ce fil est d'environ 1 ohm.

4 °) Un galvanomètre apériodique de d'Arsonval, très sensible. J'ai dû l'installer à plus de 2 mètres de distance des appareils afin d'éviter les phénomènes d'induction qui se produisaient à une plus courte distance.

5 °) Les fils, en expérience, sont attachés à un cylindre d'ébonite, qui est lui-même fixé à la ferraille du plafond. Pour prélever sur ce fil ainsi isolé une longueur constante pour la mesure de la résistance électrique, j'emploie des pièces en bronze, de très large section, à mâchoires mobiles dans plusieurs sens, ce qui assure le contact parfait : ces pinces sont fixées sur des consoles en fonte, lesquelles sont boulonnées sur un solide madrier placé verticalement. Entre les pinces et les consoles, ainsi qu'entre les consoles et le madrier, se trouvent des plaques d'ébonite.

Dans chaque pince a été tourné un godet dans lequel je place du mercure et au fond duquel je visse les conducteurs qui servent à relier les pinces au pont de Wheatstone ; ces conducteurs sont en cuivre rouge, ils ont 1 centimètre de diamètre.

6 °) Pour assurer l'immobilité du plateau suspendu à la partie inférieure du fil, pendant la charge des poids, et pour permettre sa mise en liberté d'une manière lente, afin d'éviter les oscillations, les auteurs avaient jusqu'à présent installé sur ce plateau des vis calantes. Je les ai remplacées par un plateau monté sur une poupée de tour. Le dessus du plateau est garni de feutre, la roue du tour est dentée, elle engrène avec un pignon commandé par une manivelle. Une rotation de 1° de la manivelle correspond à un déplacement de 1/1000e de millimètre pour le plateau.

Cet instrument fonctionne très bien et permet d'obtenir, en peu de temps, l'équilibre du fil. »

Ces correspondances nous informent également sur les difficultés rencontrées par les candidats dans l'avancement de leur travail. Duhem reconnaîtra plus tard la complexité de ce type de projet. Dans la *Notice* en 1913, il avoue : « Il ne semble pas qu'aucune théorie des modifications permanentes puisse attendre de l'expérience plus que (des) confirmations qualitatives et un peu vagues ».

Ces difficultés ne favorisèrent pas la promotion de l'énergétique. Les jugements furent plutôt sévères de la part des physiciens et des chimistes reconnus et que Duhem sollicita à plusieurs reprises pour participer au jury des thèses de ses disciples. Voici comment M. Brillouin répondit à l'invitation de Duhem à juger du travail de Marchis sur les *Modifications permanentes du verre et le déplacement du zéro des thermomètres,* titre de sa thèse :

« J'aime mieux ne pas aller publiquement déclarer à un candidat qui vient de se livrer à un travail considérable, remarquablement soigné, digne de la plus haute estime comme travail métrologique, qu'il a perdu son temps et n'a pas fait œuvre de physicien... Je suis convaincu que tout ce soin, toutes ces heures et années de travail sont comme nuls et non avenus et que, de tout cela, il ne restera rien. » (Lettre adressée à Duhem le 22 février 1898.)

M. Brillouin avait été sollicité à la suite du refus de Ditte de faire partie du jury de thèse de Marchis. Ditte avait souhaité que Marchis s'intéressât, au-delà de l'aspect phénoménologique des modifications étudiées, aux causes elles-mêmes, en les cherchant par exemple dans des phénomènes de cristallisation. Il semble que Ditte ait proposé même l'utilisation de la technique des rayons X pour mettre en évidence ces cristallisations responsables de la disparition de la réversibilité au-dessus d'une certaine limite ; une telle suggestion ne semblait pas correspondre à la volonté de Duhem.

La thèse de Marchis fut finalement soutenue le 30 juin 1898 devant un jury présidé par Duhem, la commission étant composée par ailleurs de Gossart et de Vèzes (professeurs à l'université de Bordeaux). Il ne fait pas de doute que Duhem éprouva quelque amertume à la suite de ces désistements successifs de deux « grands » de la chimie française, d'abord parce qu'il y voyait la « patte » de Berthelot et son acharnement à réduire au silence les idées défendues par lui, ensuite parce qu'il avait souhaité donner un lustre particulier à ces thèses « provinciales », grâce auxquelles il pensait favoriser un essor nouveau des universités autres que la célèbre Sorbonne. Les retraits de Ditte et de Brillouin confortèrent chez Duhem le sentiment qu'il était injustement victime de l'ostracisme et de la toute-puissance des « Pontifes de la science officielle en France ».

Lenoble soutient sa thèse à Bordeaux le 5 juillet 1900 devant un jury composé de Duhem, président, de Vèzes et de Marchis, devenu maître de conférences à la faculté des sciences de Bordeaux.

Ces œuvres n'apportent cependant pas, loin s'en faut, de confirmation éclatante de la fécondité de la méthode de Duhem. Elles ajoutent à la complexité des mesures effectuées, une lourdeur dans l'interprétation et le traitement théorique d'un appareil mathématique peu adapté. Néanmoins, rien n'autorise le rejet définitif d'une méthode qui, dans les autres cas d'irréversibilité, s'est avérée particulièrement intéressante.

CHAPITRE VII

# L'historien des sciences

## *La méthode historique comme fondement de la théorie*

Tous les ouvrages, toutes les publications, toutes les communications scientifiques de Pierre Duhem débutent par un rappel historique destiné à préciser le cadre dans lequel se situe l'étude engagée, à « faire le point » en quelque sorte sur l'évolution du domaine considéré. Un bel exemple nous est fourni par un manuscrit inédit de Duhem intitulé : *Leçons sur les théories de la capillarité* sauvé, il y a peu, d'une disparition certaine en raison de l'incapacité de la fille de Duhem, Hélène, née en 1891, à prendre en compte et à valoriser le glorieux héritage de son père. A la suite de la mort brutale de Pierre Duhem, Hélène se retira à Cabrespine et conserva dans les combles et les greniers de la maison l'ensemble des archives et documents que le professeur de physique théorique de l'Université de Bordeaux avait accumulés dans sa résidence, rue de La Teste. Hélène n'eut pas le courage d'affronter les multiples obstacles rencontrés dans les milieux scientifiques éditoriaux pour maintenir au mieux la diffusion des travaux de Pierre Duhem. Hélène vécut jusqu'en 1974. Les archives, notamment ce fameux manuscrit, ont été retrouvées puis acquises par l'Académie des sciences quelques années plus tard.

Les *Leçons sur les théories de la capillarité* constituent une synthèse sans précédent des connaissances sur les phénomènes capillaires et la tension superficielle. Les sept premiers chapitres de l'ouvrage, qui en comporte vingt, sont consacrés à l'histoire des théories de la capillarité. Duhem résume et explique les travaux des auteurs antérieurs, ordonnant d'un côté ceux qui ont abouti à des lois expérimentales, de l'autre ceux qui ont tenté de réaliser, à partir de ces lois, des synthèses ou théories physiques de la capillarité. Parmi ces derniers, Duhem cite l'œuvre de Clairaut* dont le mérite, indique-t-il, consiste en une admirable construction destinée à replacer les phénomènes capillaires dans le cadre d'une hydrostatique générale. Les travaux de Clairaut datent de 1743.

**Le château de Cabrespine** (dans la Montagne Noire), village où Duhem avait sa maison de campagne. (Dessin de Duhem à l'encre de Chine.)

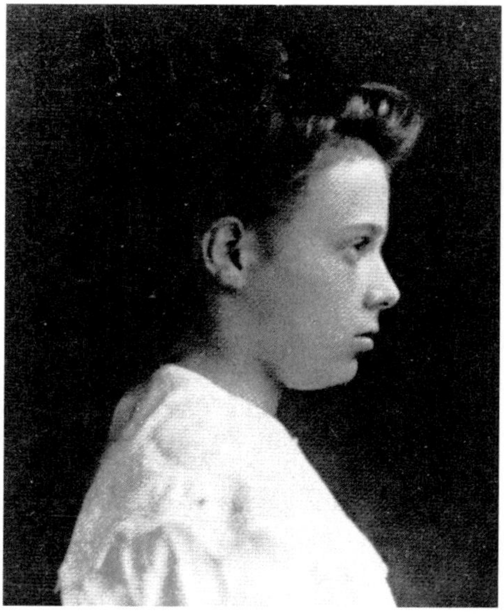

**Hélène,** fille de Duhem.

A cette synthèse, Duhem oppose les travaux de Young* (1804) dont il dénonce la démarche fondée sur l'analogie faite entre la surface d'un fluide et la surface d'une membrane uniformément tendue :

> « Par cette idée fondamentale, indique Duhem, la théorie de Young s'oppose entièrement à celle de Clairaut. Pour Clairaut, en effet, les phénomènes capillaires, conséquences des attractions qu'exercent entre elles les diverses particules fluides, peuvent subsister même dans un liquide supposé parfaitement homogène jusqu'aux surfaces terminales.
>
> Cette opposition n'est pas de petite importance ; nous allons voir en effet naître d'elle un débat capital : tandis que Laplace et Gauss vont suivre jusque dans ses dernières conséquences l'idée de Clairaut, Poisson viendra leur objecter la théorie de Young largement développée. »

Ce que Duhem reproche à Young, puis à Poisson, c'est essentiellement la démarche analogique :

> « Pour Poisson, les actions moléculaires ne permettent pas au liquide de rester homogène ; si, comme l'ont fait Laplace et Gauss, on néglige de tenir compte de ce changement de densité, on se met dans l'impossibilité de rendre compte des phénomènes capillaires. Pour expliquer ceux-ci, il faut avoir recours à l'étude des forces moléculaires, mais en tenant compte du changement de densité du liquide au voisinage des surfaces terminales. Cette manière de voir, intermédiaire entre celle de Laplace et celle de Young, est énoncée par Poisson brièvement, mais nettement dans son *Mémoire sur l'équilibre des fluides*..., reprise et largement développée dans sa *Nouvelle théorie de l'action capillaire*, publiée à Paris en 1831.
>
> [...] Il ne saurait rester aucun doute sur la valeur des principes employés par Poisson pour mettre en équation le problème de l'équilibre des fluides ; ces principes sont manifestement inexacts. Il nous suffira donc de dire qu'en admettant ces principes et en supposant que les liquides éprouvant des variations rapides de densité au voisinage des surfaces qui les terminent, Poisson est parvenu à retrouver l'équation de la surface capillaire et l'expression de l'angle de raccordement sous la forme donnée par Laplace, mais avec une signification des constantes fondamentales autres que celles qu'elles ont dans la théorie de Laplace. Ces calculs ont, pour nous, perdu tout intérêt puisque nous avons condamné les principes dont ils découlent. »

Duhem rejette la démarche de Poisson au profit de celle de Laplace et de Gauss. Ainsi, il déclare plus loin pour justifier ces choix : « La théorie de l'équilibre des fluides incompressibles, développée par Laplace et Gauss, ne conduit à aucune contradiction mathématique. » L'étude précise de ces aspects historiques, à propos des théories de la capillarité, engagée par Duhem permet à l'auteur de développer ses idées relatives à la fécondité mais aussi aux limites des raisonnements fondés sur l'analogie entre les phénomènes. Elle conduit également le physicien à valoriser la démarche théorique et l'analyse mathématique rigoureuse, face à ce qu'il qualifie de « vagues considérations indignes du nom de raisonnement ». On retrouve à propos des théories de la capillarité, chez Duhem, des arguments proches de ceux que l'auteur avait utilisés à l'égard des théories électriques, quelques années auparavant, dans son *Étude historique et critique des théories de J.C. Maxwell :*

> « La complexité extrême de la plupart des questions de physique exige une attention très soutenue et très fatigante de celui qui veut traiter ces questions par des méthodes entièrement précises, dégageant nettement toutes les hypothèses et établissant d'une manière rigoureuse l'enchaînement des déductions. Soit par paresse, soit par hâte d'arriver au but, la plupart des physiciens se sont écartés de cette méthode pour se contenter d'aperçus et d'analogies. Ceux que soutenait le génie, Fresnel par exemple ou Faraday, n'en ont pas moins recueilli une riche moisson de vérité. Mais les hommes de moindre intelligence, en se privant de la sûre garantie que l'appareil mathématique apporte à la logique, se sont condamnés à l'impuissance et à l'erreur et ils sont souvent parvenus à faire rétrograder la science.
>
> C'est ce qui est arrivé pour la théorie de la capillarité. Elle a perdu cette rigueur et cette généralité que Gauss lui avait données pour devenir un amas confus de raisonnements par à peu près. »

Les critiques ainsi portées à l'égard de ceux qui n'ont pas su, voulu ou pu établir une nouvelle théorie de la capillarité, préparent le lecteur à reconnaître dans la thermodynamique générale le cadre nouveau dans lequel les scientifiques doivent inscrire et classer les lois expérimentales. De l'avis de Duhem :

> « Il existe une théorie dont les principes renferment comme cas particulier, les principes de la mécanique rationnelle. Cette théorie constitue la thermodynamique. C'est à la thermodynamique que nous demanderons une méthode nouvelle pour établir les lois de l'équilibre des liquides ».

Pour Duhem, l'histoire des théories de la physique devient partie intégrante de la pratique scientifique. Cela est évident pour l'activité de recherche ; Duhem, directeur de travaux théoriques originaux, l'affirme. Cela n'est pas moins nécessaire à l'enseignement de la physique ; Duhem, professeur, le confirme dans La *Théorie physique* :

> « Comment [le maître] pourra-t-il faire embrasser du regard l'immense étendue du territoire qui sépare le domaine de l'expérience vulgaire, où règnent les lois du sens commun, d'avec le domaine théorique, ordonné par les principes clairs ?... La méthode légitime, sûre, féconde pour préparer un esprit à recevoir une hypothèse physique, c'est la méthode historique... Seule l'histoire de la science peut garder le physicien des folles ambitions du dogmatisme, comme des désespoirs du pyrrhonisme ».

Paradoxalement, Duhem partage avec Langevin l'idée de l'importance de l'histoire des sciences pour le progrès même de la science, contre les dangers de « l'ossification » ou de la « sénilisation » des théories par dogmatisme. « Remonter aux sources, écrivait Langevin, c'est clarifier les idées, aider la science au lieu de la paralyser ». Et l'on sait l'immense effort consenti par Langevin, rationaliste moderne, en faveur de la promotion de l'histoire des sciences en raison de sa valeur éducative.

## *L'histoire des théories de la physique*

L'œuvre d'histoire des sciences de Duhem a peu intéressé les scientifiques. Les philosophes, en revanche, s'en sont emparés. C'est pour cette raison semble-t-il que, de l'œuvre de Duhem en cette matière, on connaît et on reconnaît essentiellement, et souvent exclusivement, l'immense travail, véritable monument de l'histoire des sciences des origines à la Renaissance : *Le Système du Monde,* dont les quatre premiers tomes ont été publiés de 1913 à 1916, trois autres, sous le patronage de l'Académie des sciences, après la mort de l'auteur, en 1917, 1918 et 1919, et les trois derniers bien plus tard en 1956, 1957, 1958 grâce aux efforts déployés par son ami Alfred Dufourcq.

Cette œuvre considérable, unique dans la production française en histoire des sciences, retrace le long cheminement de la pensée scientifique depuis les premiers balbutiements jusqu'aux grandes synthèses. Malheureusement, la mort prématurée de Duhem n'a pas permis l'achèvement de cette fresque qui, initialement, devait comporter douze volumes.

Les conditions dans lesquelles le physicien théoricien a réuni les documents nécessaires à la réalisation de cet ouvrage sont étonnantes. Il est difficile d'imaginer, dans la période contemporaine, l'énorme travail que représentait la collecte de textes et d'informations dans un monde où n'existait pas la photocopie et où les informations circulaient essentiellement par l'écrit ou la copie. Il semble que Duhem ait en effet recopié des ouvrages d'auteurs anciens, y compris grecs ou latins – ce qui suppose une maîtrise étonnante de ces langues acquise au cours de ses humanités au collège Stanislas – et qu'il ait consacré une grande partie de son temps à travailler dans les bibliothèques – notamment la bibliothèque municipale de Bordeaux, la bibliothèque de la faculté et la Bibliothèque Nationale à Paris, lorsqu'il lui arrivait, rarement semble-t-il, de s'y rendre. Il est probable que l'auteur du *Système du Monde* a également bénéficié des possibilités offertes par les établissements religieux, en raison des relations privilégiées qu'il entretenait avec la communauté catholique, pour consulter et collecter les archives qui s'y trouvaient.

*Le Système du Monde* et les travaux historiques de Duhem précédents ont suscité assez rapidement, contrairement à l'œuvre scientifique, l'intérêt de la communauté universitaire française. Audelà des controverses qui, inévitablement, devaient naître de ce qui fut considéré comme une entreprise de réhabilitation de la pensée scientifique du Moyen Age chrétien, jugé majoritairement comme une période d'oppression religieuse et d'indigence intellectuelle, nul cependant ne conteste l'apport remarquable et précieux de la documentation rassemblée par Duhem dans l'étude des théories de la physique de l'Antiquité à la Renaissance.

En 1909, le professeur de Bordeaux reçoit le Prix Binoux qu'avait obtenu l'autre grand historien des sciences – et grand ami de Duhem – Paul Tannery en 1905. En 1913, à l'occasion de la publication du premier tome du *Système du Monde,* c'est le Prix de la Fondation Debrosse qui est attribué à Duhem. La reconnaissance vient également de l'étranger : de Pologne, où l'Université Jagellonne de Cracovie confère à Duhem, dès 1900, le titre de docteur en philosophie *honoris causa* ; d'Italie, où en 1912 le physicien théoricien est admis comme *socio-corrispondente du Reale Istituto Veneto di Scienze, Lettere ed Arti,* avant de recevoir en 1913 le titre de *Socio onorario de la Reale Accademia di Scienze, Lettere ed Arti* de Padoue.

Pourtant, Duhem n'a jamais songé à devenir historien des sciences. Bien que très favorable à la promotion de cette discipline dans les facultés des sciences – il avait soutenu Paul Tannery lorsque ce dernier proposa qu'une chaire d'histoire des sciences

**Duhem** vers la fin de sa vie.

fût créée à la Sorbonne dans les premières années du siècle – Duhem s'est toujours proclamé physicien théoricien et, à ce titre seulement et nécessairement, historien des théories de la physique et non historien des sciences. La mécanique et la physique, pensait-il, ne peuvent oublier leur histoire, à moins de cesser de se comprendre elles-mêmes.

Les travaux de Duhem sur l'histoire des théories physiques se fixent naturellement pour objectif d'illustrer et de prouver la complexité et la continuité des efforts consentis par les hommes pour mieux structurer le monde physique en tendant vers cette « classification naturelle idéale », reflet d'un ordre ontologique. Il exprime clairement ces opinions dans la conclusion des *Origines de la statique,* publiées en 1906 :

> « La science, en sa marche progressive, ne connaît pas les brusques changements ; elle croît, mais par degrés ; elle avance mais pas à pas. Aucune intelligence humaine, quelles que soient sa puissance et son originalité, ne saurait produire de toutes pièces une doctrine absolument nouvelle. L'historien, ami des vues simples et superficielles, célèbre les découvertes fulgurantes qui, à la nuit profonde de l'ignorance et de l'erreur, ont fait succèder le plein jour de la vérité. Mais celui qui soumet à une analyse pénétrante et minutieuse l'invention la plus primesautière et la plus imprévue en apparence, y reconnaît presque toujours la résultante d'une foule d'imperceptibles efforts et le concours d'une infinité d'obscures tendances. Chaque phase de l'évolution qui lentement conduit la science à son achèvement, lui apparaît marquée de ces deux caractères : la continuité et la complexité. »

Tous ces efforts finissent par se rejoindre grâce aux tâtonnements, aux fautes et aux erreurs, voire aux repentirs, pour s'ajuster les uns aux autres et contribuer à la formation du système définitif. C'est ainsi que A. Darboux, professeur à la faculté des lettres de Bordeaux, juge en 1928 l'œuvre historique de Duhem :

> « Cette coordination remarquable des pièces de la doctrine se prépare à l'insu de ses artisans, du moins des artisans de la première heure... Ils ignorent le but et pourtant cette ignorance n'empêche pas qu'il soit atteint... L'historien des sciences qui admire la convergence de tant d'efforts indépendants, leurs répercussions inattendues et le sort heureux de tant d'accidents dont l'histoire est pleine, a le sentiment d'une direction providentielle, qui s'exerce de haut et par qui se règle la destinée des doctrines scientifiques. L'activité de l'homme prépare l'avenir sans le voir ».

Cette démarche conduit Duhem d'une part à marquer une sorte de trait d'union entre la science médiévale et la science grecque, d'autre part à réhabiliter le Moyen Age en situant le mouvement scientifique de la Renaissance comme le résultat des réflexions engagées longtemps avant par les maîtres de la Scolastique. La Renaissance, pensait-on alors, forme avec le Moyen Age une vivante antithèse. Taine écrivait à ce propos :

> « Tout se renouvelle, à cette époque [il parle du XVe siècle] la figure de la terre est connue, le système du monde est annoncé, la philosophie moderne est fondée, les sciences expérimentales commencent ».

Pour Duhem, au contraire, qui ne nie pas les difficultés rencontrées dans l'élaboration de la théorie physique face aux traditions d'orthodoxie et au dogmatisme péripatéticien, la renaissance scientifique a commencé à la fin du XIIIe siècle et elle est essentiellement due aux théologiens. Il rappelle fréquemment dans ses œuvres d'histoire des sciences les plus importantes – *Le Système du Monde*, les *Études sur Léonard de Vinci*, notamment – le rôle positif joué par le pape Jean XXI et l'évêque de Paris, Étienne Tempier, contestant à l'occasion d'un conseil de théologiens réuni le 7 mars 1277, les principales thèses péripatéticiennes enseignées alors par les maîtres de la Sorbonne.

Duhem tend à faire partager à ses lecteurs, à travers l'ensemble considérable et étonnant de précisions et de minuties des travaux consacrés au mouvement des idées au Moyen Age, la conviction que la renaissance scientifique n'est nullement due à une quelconque révolte à l'égard de l'autorité représentée par l'Église mais, au contraire, à l'alliance de la théologie et de l'esprit d'observation. Ces idées conduisent Duhem à une appréciation originale, à contre-courant de l'opinion généralement partagée par la communauté scientifique, à propos du conflit qui opposa Galilée aux autorités de l'Église, Osiander*, Bellarmin* et Urbain VIII. La conclusion de l'*Essai sur la notion de théorie physique de Platon à Galilée* est, de ce point de vue, d'une surprenante clarté :

> « Bien des philosophes, depuis Giordano Bruno, ont durement reproché à André Osiander la préface qu'il avait mise en tête du livre de Copernic. Les avis donnés à Galilée par Bellarmin et par Urbain VIII n'ont guère été traités avec moins de sévérité, depuis le jour où ils ont été publiés. Les physiciens de notre temps ont pesé plus minutieusement que leurs prédécesseurs l'exacte valeur des hypothèses employées en astronomie et en physique ; ils ont vu se dissiper bien des illusions qui, naguère

encore, passaient pour certitudes ; force leur est de reconnaître et de déclarer aujourd'hui que la logique était du parti d'Osiander, de Bellarmin et d'Urbain VIII. Est-ce, de sa part, souveraine injustice ? Ne serait-ce pas, au contraire, que ceux qui attribuaient à la méthode expérimentale une fausse portée et une valeur exagérée, ont travaillé au perfectionnement de cette méthode beaucoup plus et beaucoup mieux que ceux dont l'appréciation avait été, tout d'abord, plus précise et plus exactement mesurée ?

Les coperniciens se sont entêtés dans un réalisme illogique, alors que tout les portait à quitter cette erreur, alors qu'en attribuant aux hypothèses astronomiques la juste valeur que tant d'hommes autorisés avaient déterminée, il leur était facile d'éviter à la fois les querelles des philosophes et les censures des théologiens. Étrange conduite, et qui demande explication ! Or, est-il possible de l'expliquer autrement que par l'attrait de quelque grande vérité ; vérité trop vaguement aperçue par les coperniciens pour qu'il fût possible de la formuler en sa pureté, de la dégager des affirmations erronées sous lesquelles elle se dissimulait ; mais vérité trop vivement sentie pour que ni les préceptes de la logique, ni les conseils de l'intérêt en pussent atténuer l'invisible attrait. Quelle était cette vérité ? C'est ce que nous voudrions essayer de préciser.

Au cours de l'Antiquité et du Moyen Age, la Physique nous présente deux parties si distinctes l'une de l'autre qu'elles sont, pour ainsi dire, opposées l'une à l'autre ; d'un côté se trouve la physique des choses célestes et impérissables, de l'autre la physique des choses sublunaires, soumise à la génération et à la corruption.

Les êtres dont traite la première des deux physiques sont réputés d'une nature infiniment plus élevée que ceux dont s'occupe la seconde ; on en conclut que la première est incomparablement plus difficile que la seconde ; Proclus enseigne que la physique sublunaire est accessible à l'homme, tandis que la physique céleste le passe et est réservée à l'Intelligence divine ; Maïmonide partage cette opinion de Proclus ; la physique céleste est, selon lui, pleine de mystères dont Dieu s'est réservé la connaissance, tandis que la physique terrestre se trouve, toute organisée, en l'œuvre d'Aristote.

Au contraire de ce que pensaient les hommes de l'Antiquité et du Moyen Age, la physique céleste qu'ils avaient construite était singulièrement plus avancée que leur physique terrestre. Dès l'époque de Platon et d'Aristote, la science des astres était organisée sur le plan que nous imposons aujourd'hui encore à l'étude de la Nature. D'une part était l'astronomie ; des géomètres, comme Eudoxe et Calippe, combinaient des théories mathématiques au moyen desquelles les mouvements célestes pouvaient être décrits et prévus, tandis que des observateurs appréciaient le degré de concordance entre les prévisions des calculs et les phénomènes naturels. D'autre part était la physique proprement dite ou, pour parler le langage moderne, la cosmologie céleste ; des penseurs, comme Platon et Aristote, méditaient sur la nature des astres et sur la cause de leurs mouvements. Quels rapports ces deux parties de la physique céleste avaient-elles l'une avec l'autre ? Quelle frontière précise les séparait l'une de l'autre ? Quelle affinité unissait les hypothèses de l'une aux conclusions de l'autre ? Ce sont questions que les astronomes et les physiciens discutent durant l'Antiquité et le Moyen Age, qu'ils résolvent en des sens différents, car leurs esprits sont dirigés par des tendances diverses, toutes semblables d'ailleurs à celles qui sollicitent les savants modernes.

Il s'en faut bien que la physique des choses sublunaires soit parvenue d'aussi bonne heure à ce degré de différenciation et d'organisation. Elle aussi, aux époques modernes, se divisera en deux parties, analogues à celles en lesquelles, dès l'Antiquité, s'est partagée la physique céleste. En sa partie théorique, elle groupera des systèmes mathématiques qui feront connaître, par leurs formules, les lois précises des phénomènes. En sa partie cosmologique, elle cherchera à deviner la nature des corps, de leurs attributs, des forces qu'ils subissent ou exercent, des combinaisons qu'ils peuvent contracter les uns avec les autres.

Pendant l'Antiquité, pendant le Moyen Age et la Renaissance, il eût été malaisé de faire ce partage. La physique sublunaire ne connaissait guère les théories mathématiques. Deux chapitres de cette physique, l'optique ou *perspective,* et la statique ou *scientia de ponderibus,* avaient seuls revêtu cette forme, et les physiciens se trouvaient fort embarrassés lorsqu'ils voulaient, dans la hiérarchie des sciences, assigner leur véritable place à la perspective et à la *scientia de ponderibus.* Hors ces deux chapitres, l'analyse des lois qui président aux phénomènes demeurait peu précise, purement qualitative ; elle ne s'était pas encore dégagée de la cosmologie.

En la dynamique, par exemple, les lois de la chute libre des graves, entrevues dès le XIVe siècle, les lois du mouvement des projectiles, vaguement soupçonnées au XVIe siècle, demeuraient impliquées dans les discussions métaphysiques sur le mouvement local, sur le mouvement naturel et le mouvement violent, sur la coexistence du moteur et du mobile. Au temps de Galilée seulement, nous voyons la partie théorique, en même temps que sa forme mathématique se précise, se dégager de la partie cosmologique. Jusque-là ces deux parties demeuraient unies intimement ou plutôt enchevêtrées d'une manière inextricable ; leur ensemble constituait la physique du mouvement local.

D'autre part, l'antique distinction entre la physique des corps célestes et la physique des choses sublunaires s'était graduellement effacée. Après Nicolas de Cues, après Léonard de Vinci, Copernic avait osé assimiler la Terre aux planètes. Par l'étude de l'étoile qui avait apparu, puis disparu en 1572, Tycho Brahé avait montré que les astres pouvaient, eux aussi, s'engendrer et périr. En découvrant les taches du Soleil et les montagnes de la Lune, Galilée avait achevé de réunir les deux physiques en une seule science.

Dès lors, lorsqu'un Copernic, lorsqu'un Képler*, lorsqu'un Galilée déclaraient que l'astronomie doit prendre pour hypothèses des propositions dont la vérité soit établie par la physique, cette affirmation, une en apparence, renfermait en réalité deux propositions bien distinctes.

Une telle affirmation, en effet, pouvait signifier que les hypothèses de l'astronomie étaient des jugements sur la nature des choses célestes et sur leurs mouvements réels ; elle pouvait signifier qu'en contrôlant la justesse de ces hypothèses, la méthode expérimentale allait enrichir nos connaissances cosmologiques de nouvelles vérités. Ce premier sens se trouvait, pour ainsi dire, à la surface même de l'affirmation ; il apparaissait tout d'abord ; c'est ce sens là que les grands astronomes du XVIe siècle et du XVIIe siècle voyaient clairement, c'est celui qu'ils énonçaient d'une manière formelle, c'est enfin celui qui ravissait leur adhésion. Or, prise avec cette signification, leur affirmation était fausse et nuisible ; Osiander, Bellarmin et Urbain VIII la regardaient, à juste titre, comme contraire à la logique ; mais il a fallu que cette affirmation engendrât, en la Science humaine, d'innombrables méprises pour que l'on se décidât enfin à la rejeter.

Sous ce premier sens illogique, mais apparent et séduisant, l'affirmation des astronomes de la Renaissance en contenait un autre : en exigeant que les hypothèses de l'astronomie fussent d'accord avec les enseignements de la physique, on exigeait que la théorie des mouvements célestes reposât sur des bases capables de porter également la théorie des mouvements que nous observons ici-bas ; on exigeait que le cours des astres, le flux et le reflux de la mer, le mouvement des projectiles, la chute des graves fussent sauvés à l'aide d'un même ensemble de postulats, formulés en la langue des mathématiques. Or ce sens là restait profondément caché ; ni Copernic, ni Képler, ni Galilée ne l'apercevaient nettement ; il demeurait, cependant, dissimulé, mais fécond, au-dessous du sens clair, mais erroné et dangereux, que ces astronomes saisissaient seul. Et tandis que la signification fausse et illogique qu'ils attribuaient à leur principe engendrait des polémiques et des querelles, c'est la signification vraie, mais cachée, de ce même principe qui donnait naissance aux essais scientifiques de ces inventeurs ; alors qu'ils s'efforçaient de soutenir l'exactitude du premier sens, c'est à établir la justesse du second sens qu'ils tendaient sans le savoir ; lorsque Képler multipliait ses tentatives pour rendre compte des mouvements des astres à l'aide des propriétés des cours d'eau ou des aimants, lorsque Galilée cherchait à accorder la course des projectiles avec le mouvement de la Terre ou à tirer de ce dernier mouvement l'explication des marées, ils croyaient prouver, l'un et l'autre, que les hypothèses coperniciennes ont leur fondement en la nature des choses ; mais la vérité qu'ils introduisaient peu à peu dans la Science, c'est qu'une même dynamique doit, en un ensemble unique de formules mathématiques, représenter les mouvements des astres, les oscillations de l'Océan, la chute des graves ; ils croyaient renouveler Aristote ; ils préparaient Newton.

En dépit de Képler et de Galilée, nous croyons aujourd'hui, avec Osiander et Bellarmin, que les hypothèses de la physique ne sont que des artifices mathématiques destinés à *sauver les phénomènes* ; mais grâce à Képler et à Galilée, nous leur demandons de *sauver à la fois tous les phénomènes* de l'Univers inanimé ».

## *Réforme du calendrier*

Sauver les phénomènes ! Reprenant la formule grecque dont il fait le titre dans son *Essai sur la notion de théorie physique de Platon à Galilée,* Duhem fut naturellement intéressé par l'accueil réservé aux idées héliocentriques de Copernic, publiées dans *La révolution des orbes célestes* en 1543. D'autant que la condamnation de cette doctrine par Rome marque largement le monde scientifique du XVIe siècle et la conscience catholique.

Pouvait-on être satisfait du géocentrisme au XVIe siècle, faisant de la Terre immobile le centre du monde, et utiliser l'héliocentrisme pour les calculs ? Duhem trouve dans des documents relatifs à la réforme du calendrier de quoi nourrir cette question qui fournit un statut très particulier à la théorie scientifique.

On sait qu'en 1577 le pape Grégoire XIII fit préparer la réforme du calendrier par une commission qui sera marquée par le jésuite allemand Kristopher Klau, dit Clavius. Le calendrier adopté jusqu'alors avait pour but essentiel de fixer la date de Pâques, liée depuis le concile de Nicée (325) à la lune et au soleil. Il supposait à tort l'année constituée de 365 jours 1/4 – d'où les années bissextiles du calendrier julien remontant à Jules César – et admettait l'égalité de 19 années solaires à 235 lunaisons. Il fallait donc d'une part réparer le retard pris par le calendrier sur les saisons, d'autre part préparer un système régulier de corrections, ce qui fut fait. A Rome, le vendredi 15 octobre 1582 succéda au jeudi 4 octobre et en France le dimanche 9 décembre fut suivi du lundi 20 décembre. Mais la controverse, plus ou moins scientifique, sur le calendrier fut rude et un mathématicien français comme François Viète s'en prit avec violence à Clavius. Les pays de réforme fondèrent le calendrier nouveau, ou grégorien, et l'Angleterre par exemple, ne l'adopta qu'en 1752, ce qui donne une différence de dix jours jusqu'en 1700 et de onze jours de 1700 à 1800. La différence passe à douze jours de 1800 à 1900 et à treize jours de 1900 à 2100. Ceci explique le nom de Révolution d'Octobre (6-7 novembre 1917) car la Russie orthodoxe ne se rallia pas au calendrier grégorien, qu'adopta par contre la jeune Union Soviétique en 1918.

Le texte de Duhem (joint en annexe) fut établi à l'occasion de ses recherches sur le *Système du Monde,* dont les premiers volumes seront publiés en 1913. Il est typique de sa façon de procéder : une grande clarté d'exposition et une érudition étonnante appuyée sur des documents explicitement cités, mises au service de la curiosité ; c'est de l'histoire « utile » à la compréhension des démarches scientifiques.

> « L'histoire des mathématiques, écrit-il dans la *Théorie Physique,* est assurément l'objet d'une curiosité légitime, mais elle n'est point essentielle à l'intelligence des mathématiques. Il n'en est pas de même en physique. Là, nous l'avons vu, il est interdit à l'enseignement d'être purement et pleinement logique. Dès lors, le seul moyen de relier les jugements formels à la matière des faits que ces jugements doivent représenter, et cela en évitant la subreptice pénétration des idées fausses, c'est de justifier chaque hypothèse essentielle par son histoire. »

Le volume de l'œuvre de Duhem consacré à la science antique et au Moyen Age occulte parfois l'importance et la richesse des travaux historiques portant sur une période plus récente, en particulier le XIXe siècle. Ces travaux sont dispersés dans l'ensemble de l'œuvre scientifique. Ils n'en constituent pas moins une source prodigieuse d'informations sur l'histoire des idées scientifiques dans le domaine des sciences physiques auxquelles Duhem s'est intéressé (mécanique, viscosité, déformations, thermodynamique et énergétique, électricité, magnétisme, électrodynamique, optique, chimie). Par exemple, concluant ses études sur la mécanique chimique, le physicien-théoricien déclare :

> « Cette théorie nous apparaît comme le résultat d'une longue élaboration, comme la synthèse d'idées engendrées par un grand nombre de penseurs : Lavoisier* et Laplace, Clausius, Sainte-Claire Deville, Horstmann*, Gibbs, Moutier, Van't Hoff, une foule d'autres qu'il serait trop long de citer ici, ont contribué, soit par leurs spéculations théoriques, soit par leurs investigations expérimentales, à l'édification de cette large synthèse ; chacun d'eux a conçu quelqu'une des parties dont elle se compose. »

Ce texte fut écrit en 1893 dans l'*Introduction à la Mécanique chimique,* composé à la faculté des sciences de Lille. Duhem décrit dans cet ouvrage les efforts consentis dès la fin du XVIII^e^ siècle et tout au long du XIX^e^ par les scientifiques pour se dégager de l'antique conception de l'attraction moléculaire dans laquelle Newton cherchait l'explication des phénomènes chimiques. Ainsi l'*Introduction à la Mécanique chimique* est, d'abord, un ouvrage d'histoire de la chimie au XIX^e^ siècle.

Des démarches identiques président à l'élaboration des théories de Duhem en ce qui concerne les sciences de l'électricité et du magnétisme. Dans l'*Étude historique et critique des théories électriques de Maxwell,* Duhem situe son travail dans les perspectives ouvertes par Ampère, Œrstedt*, Faraday, et retrace l'histoire des avancées théoriques et expérimentales qui, tout au long du XIX^e^ siècle, ont préparé les travaux de Maxwell.

L'ampleur des domaines traités, la démarche fondamentale de Duhem, confèrent à son œuvre strictement scientifique une dimension historique remarquable, peu connue et insuffisamment exploitée, alors qu'elle contient de véritables trésors de l'histoire de la science du XIX^e^ siècle.

# Conclusion

L'image de Duhem, la manière d'aborder son œuvre, se sont considérablement modifiées dans les dernières décennies, avec la redécouverte des travaux scientifiques que l'énergétiste français a développés sur l'ensemble du front de la connaissance des sciences physiques.

L'historien des théories de la physique, dont les travaux constituent des outils de première valeur pour les chercheurs contemporains, ne se distingue plus du scientifique et du chercheur. Quelques-unes des clefs qui permettent d'expliquer par exemple cet acharnement à réhabiliter, parfois sans nuance, la part essentielle prise par l'Église catholique dans l'émergence de la science classique, se trouvent ou se retrouvent dans l'œuvre scientifique. Des vérités d'ordre naturel à la Vérité métaphysique Duhem jette des ponts : le physicien est croyant comme le croyant est physicien. Maintenir la raison humaine dans la bonne voie, même lorsque cette raison s'efforce à la découverte des réalités de ce monde, telles sont les exigences et la cohérence du scientifique, du croyant.

Travailleur infatigable, théoricien de premier ordre, promoteur de la chimie physique en France, pionnier de la thermodynamique des processus irréversibles, Pierre Duhem occupe une place de premier plan parmi ceux qui, de Carnot à Prigogine, ont marqué l'histoire de cette science.

Cherchant à l'aide des principes de la thermodynamique générale ou de l'énergétique à « sauver les phénomènes », Duhem tente d'organiser l'ensemble des connaissances d'un monde créé par la Providence, un monde dont nous n'avons pas à chercher l'« explication » par les méthodes de la science.

Mort prématurément à 55 ans, le professeur de Bordeaux nous lègue une œuvre considérable. Sa théorie – élaborée tout au long d'une vie marquée intensément par l'activité scientifique, et concrétisée en 1911 par son *Traité d'énergétique ou de thermodynamique générale,* monument parfois abstrait et peu accessible, destiné à ordonner l'ensemble des connaissances et des lois physiques – est publiée et diffusée au moment même où surgissent de nouveaux champs de recherche et de nouvelles approches de l'univers physique, bouleversant les conceptions traditionnelles. La logique – « patiente mais éternelle », disait Duhem – sur laquelle le physicien fonde sa démarche, semble parfois basculer devant les contradictions du réel.

Tout cela explique, sans nul doute, que cette œuvre scientifique ait été longtemps malconnue et insuffisamment appréciée, du moins en France, car d'autres pays ne l'ignorèrent pas. Et pourtant, ainsi que Duhem le proclamait déjà en 1893 dans *La Mécanique chimique* :

> « L'histoire du développement de la physique nous montre qu'une théorie serait bien présomptueuse en se flattant d'être définitive ; nous ne voyons guère les théories s'élever que pour crouler. Mais, en s'écroulant, une théorie qui a été construite avec le désir sincère de parvenir au vrai, ne disparaît jamais complètement ; parmi ses débris se trouvent toujours des matériaux propres à entrer dans la composition de quelque autre système plus parfait et plus durable... »

L'énergétique de Duhem portait en elle ces germes qui auraient pu donner à la chimie française, si vivace jusqu'aux années 1900, les éléments d'un nouveau départ. D'autres nations se sont emparées de ces apports parfois peu perceptibles pour engager des recherches fécondes que le prix Nobel de chimie attribué en 1977 à Prigogine allait couronner.

Avec Duhem disparaît, semble-t-il, cette volonté encyclopédique de classer, dans le champ de la physico-chimie, l'ensemble des phénomènes sous les mêmes grands principes logiques. La complexité du réel ne s'y prête pas. On assiste, à partir des questions posées par cette complexité née des contradictions, à la fin d'une approche unilatérale de la réalité et à l'émergence du raisonnement dialectique construit sur une nouvelle logique, enrichie par la confrontation constante avec cette réalité.

Est-ce trop dire enfin que l'auteur de la théorie physique emporte avec lui dans sa tombe de Cabrespine les espérances de tous ceux qui ont cru en un monde ordonné selon les principes combinés de la logique et de la foi ?

# Annexes

## Promotion 1882 des élèves admis à l'École Normale Supérieure (section Sciences)

| Noms et prénoms | Rang à l'entrée | Culte déclaré |
|---|---|---|
| Bernard Félix | 20 | Non déclaré |
| Cahen Eugène | 6 | Israélite |
| Courtehoux Jean | 15 | Catholique |
| Delarue Charles | 12 | Non déclaré |
| Duhem Pierre | 1 | Catholique |
| Hodin Gaston | 11 | Non déclaré |
| Houllevigue Aimé | 18 | Non déclaré |
| Huard Auguste | 10 | Catholique |
| Joubin Paul | 7 | Catholique |
| Lesgourgues François | 16 | Catholique |
| Mercier Louis | 2 | Catholique |
| Meslin René | 4 | Catholique |
| Pechard Louis | 14 | Non déclaré |
| Perrier Pierre | 5 | Catholique |
| Rondeau Charles | 8 | Catholique |
| Schlesser Etienne | 13 | Catholique |
| Simonin Louis | 17 | Catholique |
| Spinnler Henri | 3 | Catholique |
| Stouff Marie | 9 | Catholique |
| Wasserzug Etienne | 19 | Catholique |

## Liste des maîtres de conférences de l'École Normale Supérieure (section Sciences) en 1882

| | |
|---|---|
| Appell | Mécanique |
| Picard | Mécanique |
| Bouquet | Analyse |
| J. Tannery | Analyse |
| Bertin | Physique |
| Gernez | Chimie |
| Debray | Chimie |
| Hautefeuille | Minéralogie |
| Bonnier | Botanique |
| Lory | Géologie |
| Dastre | Zoologie |
| Caron | Maître de dessin graphique |
| Leloir | Maître de dessin d'imitation |
| Haumann | Maître d'allemand |
| Wetcombe | Maître d'anglais |

Auxquels il faut associer les préparateurs agrégés :

| | |
|---|---|
| Brunel | Mathématiques |
| Rivière | Physique |
| Chappuis | Chimie |
| Michel | Zoologie |
| Costan | Botanique |

## Texte de l'appel des personnalités favorables à l'Armée, publié le 3 janvier 1899.

« Les soussignés :

– émus de voir se prolonger et s'aggraver la plus funeste des agitations,

– persuadés qu'elle ne saurait durer davantage sans compromettre mortellement les intérêts vitaux de la patrie française et notamment ceux dont le glorieux dépôt est aux mains de l'Armée nationale,

– persuadés aussi qu'en le disant, ils expriment l'opinion de la France, ont résolu :

– de travailler dans les limites de leur devoir professionnel, à maintenir, en les conciliant avec le progrès des idées et des mœurs, les traditions de la patrie française,

– de s'unir et de se grouper, en dehors de tout esprit de secte, pour agir utilement dans ce sens par la parole, par les écrits et par l'exemple,

– et de fortifier l'esprit de solidarité qui doit relier entre elles, à travers le temps, toutes les générations d'un grand peuple.

Suivent les signatures de quelques personnalités (parmi d'autres) :

duc de Broglie
Paul Bourget
José Maria de Heredia
comte de Mun
François Coppée

et des membres de l'Institut, dont :

Pierre Laffitte
Xavier Bichat
Albert C. de Lapparent

## Préface d'Osiander au livre de Copernic : *De revolutionibus orbium cœlestium,* 1543.

*Ad lectorem, de hypothesibus hujus Operis.*

« Je ne doute point que la renommée n'ait déjà répandu la nouveauté de l'hypothèse admise en cet Ouvrage, hypothèse selon laquelle la Terre est en mouvement tandis que le Soleil demeure immobile au centre du Monde ; je ne doute pas, non plus, que certains érudits ne s'en soient véhémentement offensés et qu'ils n'aient jugé mauvais que l'on troublât les disciplines libérales fermement établies depuis longtemps. S'ils veulent bien, toutefois, peser exactement leur jugement, ils trouveront que l'auteur de cet ouvrage n'a rien commis qui méritât d'être repris.

L'objet propre de l'astronome, en effet, consiste à rassembler l'histoire des mouvements célestes à l'aide d'observations diligemment et artificieusement conduites. Puis, comme aucun raisonnement ne lui permet d'atteindre aux causes ou aux hypothèses véritables de ces mouvements, il conçoit et imagine des hypothèses quelconques, de telle manière que ces hypothèses une fois posées, ces mêmes mouvements puissent être exactement calculés, au moyen des principes de la Géométrie, tant pour le passé que pour l'avenir... Il n'est pas nécessaire que ces hypothèses soient vraies ; il n'est même pas nécessaire qu'elles soient vraisemblables ; cela seul suffit, que le calcul auquel elles conduisent s'accorde avec les observations *(Neque enim necesse est eas hypotheses esse veras, imo, ne verisimiles quidem ; sed sufficit hoc unum, si calculum observationibus congruentem exhibeant)...* Il est évident que cette science ignore purement et simplement les causes des inégalités des mouvements apparents. Les causes fictives qu'elle conçoit, elle les conçoit pour la plupart comme si elle les connaissait avec certitude ; jamais, cependant, elle ne les conçoit en vue de persuader à qui que ce soit qu'il en est ainsi dans la réalité, mais uniquement en vue d'instituer un calcul exact. Il peut arriver que des hypothèses différentes s'offrent à celui qui veut rendre compte d'un seul et même mouvement du Soleil ; alors l'astronome prendra de préférence l'hypothèse qui est la plus aisée à saisir, tandis que peut-être le philosophe recherchera plus volontiers la vraisemblance ; mais ni l'un ni l'autre ne pourra concevoir ni formuler la moindre certitude, à moins qu'il n'ait reçu une révélation divine... Que personne, touchant les hypothèses, n'attende de l'Astronomie aucun enseignement certain ; elle ne saurait rien lui donner de tel. Qu'il se garde de prendre pour vraies des suppositions qui ont été feintes pour un autre usage ; par là, bien loin d'accéder à la Science astronomique, il s'en écarterait, plus sot que devant. »

Belle contribution, quoi que l'on en pense, à une réflexion approfondie sur l'histoire des idées scientifiques !

## Un document relatif à la réforme du calendrier

par M. Pierre DUHEM,
Correspondant de l'Institut, Professeur à l'Université de Bordeaux.

Il est extrêmement intéressant d'étudier l'accueil qui fut fait, au cours du XVIe siècle, au système astronomique proposé par Copernic. Ce système donna occasion, en effet, aux astronomes comme aux philosophes, d'examiner et de discuter la valeur exacte qu'il convient d'attribuer aux hypothèses sur lesquelles reposent les théories physiques. Nul de ceux qui s'inquiètent de cette valeur ne saurait fermer l'oreille aux avis divers qui furent alors émis [1].

Jusqu'en l'an 1580, l'opinion dominante des astronomes est définie par la célèbre préface anonyme dont André Osiander a doté l'édition posthume du traité *De revolutionibus* de Copernic. La doctrine de cette préface se condense elle-même en cette formule d'une si parfaite clarté : Il n'est pas nécessaire que les hypothèses astronomiques soient vraies ni même vraisemblables ; il suffit que les calculs auxquels elles servent de point de départ fournissent des nombres conformes aux observations. « *Neque enim necesse est eas hypotheses*

1. De ces avis divers, le lecteur pourra trouver un aperçu en notre travail Σώζειν τὰ φαινόμενα. *Essai sur la notion de théorie physique de Platon à Galilée*, Paris, 1908. Chapitres V, VI et VII.

*esse veras, imo, ne verisimiles quidem ; sed sufficit hoc unum, si calculum observationibus congruentem exhibeant.* »

Cette doctrine fut assurément celle d'Érasme Reinhold, le célèbre astronome de Wittemberg. Reinhold partageait les préventions très arrêtées de son ami Melanchthon contre les hypothèses du mouvement de la Terre et du repos du Soleil ; comme Melanchthon, il les croyait condamnées à la fois par la Physique et par l'Écriture sainte ; cependant, il professait une admiration sans borne pour l'exactitude avec laquelle les mouvements *relatifs* proposés par le système copernicain s'accordaient aux mouvements observés ; c'est à l'aide de ces mouvements relatifs qu'il construisit ses *Prutenicæ tabulæ* dont la supériorité sur les *Tabulæ Alfonsii,* établies en 1252 par Alphonse X de Castille, convainquit tous les astronomes de profession de l'excellence des combinaisons cinématiques proposées par Copernic.

Que la doctrine d'Osiander ait dominé, au sein de la commission chargée par Grégoire XIII de préparer la réforme du calendrier, on n'en saurait douter.

Aloisio Lilio, dont la proposition de réforme du calendrier avait décidé Grégoire XIII à entreprendre cette œuvre, usait, en son opuscule, des *Tables alphonsines,* c'est-à-dire du système de Ptolémée. Le président de la commission pontificale était le Jésuite Christophe Clavius, de Bamberg ; or, en 1581, Clavius donnait la troisième édition de son *Commentarius in Sphæram Joannis de Sacro-Bosco ;* il y prenait à son compte les objections physiques et théologiques de Melanchthon et de Tycho-Brahé contre le système de Copernic, objections que l'on n'avait pas encore entendu formuler au sein de l'Église catholique. Il est, dès lors, certain qu'on ne croyait pas, au sein de la commission réunie au Vatican, au mouvement réel de la Terre. Cependant, ce n'est point aux *Tables alphonsines,* comme l'y conviait l'ouvrage d'Aloisio Lilio, dont le frère était au nombre des commissaires, que la commission fit appel pour mener à bien son travail ; c'est aux *Tabulæ Prutenicæ* de Reinhold. Si donc elle réputait que les hypothèses de Copernic n'étaient ni vraies ni vraisemblables, du moins les acceptait-elle parce que les calculs en tiraient des résultats conformes aux observations. La conduite suivie par elle s'accordait exactement avec les principes posés par Osiander.

Nous n'avons, toutefois, aucune pièce où les membres de la commission aient affirmé leur confiance en ces principes. Mais cette affirmation, que nous ne pouvons recueillir de leur bouche, nous allons l'entendre d'un de ceux qui les ont conseillés, et non des moindres.

Le premier acte de la commission avait été de provoquer une grande consultation sur l'œuvre qu'elle était chargée de mener à bien. Au nom du pape, dès la fin de l'année 1577, elle envoya aux chefs d'États, aux Universités, à un grand nombre de savants le *Compendium novæ rationis restituendi kalendarii* d'Aloisio Lilio, afin de recueillir des avis multiples sur la réforme proposée et sur les moyens de l'accomplir[1]. Elle indiquait que cette réforme devait être faite en l'an 1582, mais laissait pendantes toutes les questions qui se posaient à ce sujet ; en particulier, elle ne décidait nullement s'il convenait d'user des *Tabulæ Alfonsii* ou des *Tabulæ Prutenicæ.*

A cette consultation, bon nombre de réponses furent faites, que M. Kaltenbrunner a pu étudier, soit aux archives de l'Université de Vienne, soit,

1. F. KALTENBRUNNER : *Beitræge zur Geschichte der Gregorianischen Kalender-Reform (Sitzungsberichte der Philosophisch-historischen Classe der K. Akademie der Wissenschaften zu Wien,* Bd. XCVII, 1880), p. 13.

surtout, aux Archives du Vatican[1]. La variété des opinions émises en ces réponses est extrême, et beaucoup d'entre elles ne se signalent que par leur insignifiance.

Or, de ces réponses, il en est une dont M. Kaltenbrunner n'a pas fait mention, sans doute parce que les archives Vaticanes n'en ont pas gardé la trace ; et, en ces archives, cette omission s'explique ; beaucoup plus importante que les autres, cette réponse avait été imprimée en 1580.

Le Sénat de la République de Venise se trouvait au nombre des corps invités à donner leur avis sur l'opuscule d'Aloisio Lilio ; il transmit cet opuscule à l'examen du professeur de Mathématiques de l'Université de Padoue. Celui-ci était alors Giuseppe Moleti. Né à Messine en 1531, Moleti mourut à Padoue en 1588 ; il était déjà connu par diverses publications relatives à la Géographie et à l'Astronomie. A la demande formulée par le Sénat de Venise, Moleti répondit en composant une œuvre considérable ; par ordre et aux frais du Sénat, cet ouvrage, dédié à Grégoire XIII, fut imprimé à Venise, en 1580, sous le titre de *Tabulæ Gregorianæ*[2] ; c'est une des plus belles éditions que la typographie vénitienne ait produites au cours du XVIe siècle.

En l'épître à Nicolo del Ponte, doge de Venise, qui précède l'ouvrage, Moleti dit quel est son sentiment sur l'opuscule de Lilio : « Je l'ai lu avec le plus grand soin ; mais je n'y ai pas trouvé ce qui est, si je ne me trompe, nécessaire à une exacte réforme du calendrier ; qui plus est, j'ai reconnu, si mes sentiments sont justes, qu'il ne répondait pas bien aux règles posées par les astronomes, encore que tout y soit parfaitement traité selon les règles que les computistes admettent communément. Pour traiter donc cette question avec soin, j'ai construit des tables astronomiques des mouvements de la huitième sphère[3] et des Luminaires[4] ; du nom du Souverain Pontife Grégoire XIII, je les ai nommées *Tables Grégoriennes ;* on y trouve tout ce qui concerne une parfaite correction du calendrier. » A ces tables, Moleti avait joint deux livres, dont l'un indiquait de quelle manière se pouvait réaliser la correction du calendrier, l'autre de quelle façon on devait, pour éviter toute erreur, employer les cycles et les règles diverses usitées par le comput ecclésiastique.

C'est à l'aide des combinaisons de mouvements imaginées par Copernic que Moleti dresse ses tables de la précession des équinoxes, du Soleil et de la Lune. Bien entendu, tous ces mouvements sont transformés de telle manière que la Terre devienne le centre fixe ; tant que les observatoires seront sur la Terre, les constructeurs de tables seront bien obligés, en dernière analyse, de ramener tout système astronomique à l'hypothèse géocentrique.

1. F. KALTENBRUNNER, *Op. laud.*, pp. 22-41, et : *Die Polemik über die Gregorianische Kalender-Reform (Ibid.*, Bd. LXXXVII, 1877), pp. 490-493.

2. *Tabulæ Gregorianæ Motuum Octovæ Sphæræ ac Luminarium ad usum Calendarij Ecclesiastici, et ad Vrbis Romæ Meridianum supputatæ ; per* IOSEPHUM MOLETIUM *Mathematicas disciplinas in celeberrimo Gymnasio Patavino profitentem. In quibus traditur Methodus inveniendi veras Anni Tropici magnitudines, computandi accuratè Æquinoctiorum tempora, atque numerandi Luminarium æquales, et veras Coniunctiones, Oppositiones et Eclipses. Adiecti sunt libri duo de corrigendo Calendario, et de usu Computi Ecclesiastici.* Decreto Decemvirum cautum est, ne quis imprimat hosce Libros, alibivè impressos vendat. Venetiis, Apud Petrum Dehuchinum. MDLXXX.

Les deux livres complémentaires annoncés en ce titre forment un second tome, qui a sa pagination spéciale, et dont le titre est :

*De corrigendo Ecclesiastico Calendario Libri duo. Eiusdem* IOSEPHI MOLETII... Venetiis, MDLXXX. Apud Petrum Dehuchinum.

3. La huitième sphère est la sphère des étoiles fixes ; le mouvement de la huitième sphère est le mouvement de précession des équinoxes.

4. Les Luminaires sont le Soleil et la Lune.

Pourquoi, à l'imitation de Reinhold, il a construit ses tables à l'aide du système de Copernic, Moleti va nous le dire en un chapitre[1] qui porte ce titre significatif : « *Quibus supputationibus adhærandum sit, ut possimus habere vera Æquinoclia, vera Novilunia, et Plenilunia, ac veros motus corporum cœlestium* ».

Après avoir rappelé les travaux de Timocharis, d'Hipparque, d'Al-Battâni et de Ptolémée, il poursuit en ces termes :

« Nicolas Copernic est venu le dernier de tous, et c'est presque en notre temps qu'il vécut. Il a recueilli les observations des anciens, il a lui-même observé pendant de longues années les mouvements apparents des corps célestes, il a réuni ensemble toutes ces observations : à l'aide de ces données, il a découvert beaucoup de nouveau ; l'Astronomie ne manquait pas d'erreurs ; il ne l'a pas seulement réformée ; à l'imitation de Ptolémée, il l'a fondée sur des principes nouveaux. Presque tous ceux qui professent cet art proclament donc d'une seule voix que les évaluations de Nicolas Copernic répondent aux phénomènes et s'accordent avec les mouvements célestes. Cet homme est le seul qui ait su accommoder les durées aux mouvements ; il est le seul qui ait distingué les diverses espèces d'années et déterminé leurs inégalités ; sans doute, les savants connaissaient déjà ces inégalités, mais on n'avait encore trouvé aucune méthode qui permît de les évaluer en nombres. Ce qui s'accorde donc avec les phénomènes ce sont, non pas les hypothèses de Copernic, que presque tout le monde rejette *(non dico Hipoteses Copernici, quæ a quam plurimis rejiciuntur),* mais les nombres [de Copernic], qui assignent leur valeur aux phénomènes et permettent de les calculer ; ces nombres seuls offrent cet accord, qui ne se trouve aucunement en ceux des *Tables Alphonsines.* Or, notre but est de découvrir des tables telles que nous puissions d'avance calculer, pour les corps célestes, des mouvements conformes à ceux qui apparaissent dans le Ciel. Il nous faut donc ou bien user des tables mêmes de Copernic ou bien de celles qui ont été construites à l'aide de ses observations ou qui s'accordent avec elles. Telles sont les *Tabulæ Prutenicæ* et nos propres tables, qui sont plus faciles à manier que les *Tabulæ Prutenicæ,* et que nous avons construites, au prix d'un grand travail, à l'usage du calendrier... Nous sommes donc contraints, si nous voulons avoir les véritables mouvements célestes, d'user soit des tables de Copernic, soit des *Tabulæ Prutenicæ,* soit des nôtres. »

Il était impossible de rappeler plus clairement la doctrine formulée par Osiander ni de s'y conformer plus exactement.

Des *Tabulæ Gregorianæ,* quel fut le rôle en l'accomplissement de la réforme du calendrier ? Nous ne le saurions dire. Les documents qui relatent l'histoire de cette réforme font le silence sur ce point. Il paraît difficile de croire que ce rôle n'ait pas été considérable. De tous ceux que la commission pontificale avait consultés, Giuseppe Moleti est le seul qui ait pris la peine de préparer sérieusement et pleinement la besogne à accomplir. Nous ne savons à quelle cause attribuer l'oubli où son nom et son œuvre sont tombés.

Bordeaux, 15 mars 1911.

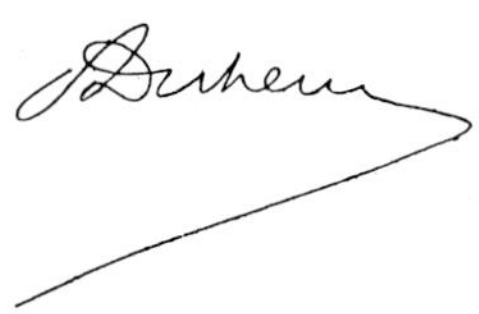

1. IOSEPHI MOLETII : *De corrigendo Ecclesiastico Calendario Libri duo ;* Lib. I, Cap. XII, foll. 7 verso et 8 recto.

# CHRONOLOGIE

**1861** **Naissance de Pierre Duhem (9 juin).**
Début des travaux de construction de l'Opéra de Paris. Fondation du journal *Le Temps*. A Lyon, M^lle^ Daubré devient la première femme bachelière.

**1862** Achèvement du percement de l'isthme de Suez.
Le chemin de fer de ceinture est ouvert aux voyageurs.
Théorie mécanique de la chaleur de Hirn. Cycle à quatre temps dans le moteur à explosion de Beau de Rochas.

**1863** Loi autorisant les sociétés à responsabilité limitée. Fondation du Crédit Lyonnais.
Invention de la machine frigorifique de Tellier. Four de Martin.

**1864** **Naissance des deux sœurs jumelles de Pierre Duhem (Antoinette et Marie).**
Pasteur démontre l'impossibilité de la génération spontanée.
Théorie électromagnétique de Maxwell.

**1865** A. Nobel invente la dynamite. Claude Bernard : *Introduction à l'étude de la médecine expérimentale.*
*Notions d'entropie* par Clausius.

**1867** Loi sur l'instruction primaire. Le certificat d'études est délivré sous l'autorité des inspecteurs d'académie. Création d'un enseignement secondaire pour jeunes filles (V. Duruy).

**1868** **Duhem fréquente le cours privé et religieux des demoiselles Arnoul.**

**1869** Classification périodique des éléments de Mendeleïev.
Dynamo de Gramme. Freinage à air comprimé de Westinghouse.

**1870** **Les Duhem se rendent à Bordeaux (21 octobre).**
La France déclare la guerre à la Prusse (19 juillet). Capitulation de Sedan (2 septembre). Bazaine capitule à Metz (27 octobre).

**1871** **La famille Duhem regagne Paris (20 février).**
Signature de l'Armistice (28 janvier). Ratification des préliminaires de paix (1^er^ mars). Insurrection de la Commune de Paris (18 mars). Installation de la Commune à l'Hôtel de Ville de Paris (28 mars). Création d'un Comité de Salut public (1^er^ mai).
La Commune est vaincue (28 mai).

**1872** **Duhem entre au collège Stanislas. Antoinette, sœur de Pierre, meurt de diphtérie.**
Rentrée législative. Message de Thiers : « La République sera conservatrice ou elle ne sera pas » (13 novembre).
Exposition universelle et internationale au Palais de l'Industrie à Paris.

**1873** Mac-Mahon élu président de la République (24 mai).
Échec des tentatives de restauration monarchique (27 octobre).
É. Littré : *La science au point de vue philosophique.*

**1874** Cantor : *Théorie des ensembles.*
Théorie de la structure moléculaire. Stéréochimie : Le Bel et Van't Hoff.

**1875** Vote de l'amendement Wallon. Le mot « République » est introduit pour la première fois dans les lois constitutionnelles (30 janvier).
Loi Dupanloup sur la liberté de l'enseignement supérieur (12 juillet).
Berthelot : *La synthèse chimique.*
Découverte des chromosomes.

**1876** Le mouvement brownien attribué aux molécules par Ramsay.
Turbine à vapeur de Parson dont la réalisation sera achevée en 1884.

**1877** **Duhem, élève de rhétorique au collège Stanislas, est atteint de rhumatismes articulaires.**
Théorie cinétique des gaz de Boltzmann.

**1878** Exposition universelle à Paris.

**1879** Démission de Mac-Mahon. Élection de Jules Grévy à la présidence de la République. Premiers décrets contre les congrégations (J. Ferry). Loi Paul Bert obligeant chaque département à entretenir une École normale d'Instituteurs.
*Essai de mécanique chimique, fondé sur la thermochimie* de M. Berthelot. *La science positive et la métaphysique* de L. Liard.
Rayons cathodiques. Tube de Crookes.

**1880** Nouveaux décrets sur les congrégations.
Dissolution de la Compagnie de Jésus. Loi sur l'enseignement secondaire de jeunes filles.

**1881** **Duhem est nommé maître auxiliaire pour un an au collège Stanislas.**
Loi sur la gratuité de l'enseignement dans les écoles primaires.
Premier congrès international d'électricité. Définition des unités.

**1882** **Duhem est reçu premier à l'École Normale Supérieure** (section sciences).
Circulaire interdisant les emblèmes religieux dans les écoles.

**1883** Échec de l'expérience de Michelson. Alternateur de N. Tesla, utilisé industriellement à partir de 1898.

**1884** **Duhem présente un travail de thèse refusé par un jury composé par Lippmann, Hermite et Picard. Le sujet traité s'intitulait :**
***Le potentiel thermodynamique* (20 octobre).**

**1885** **Duhem termine sa scolarité à l'École Normale Supérieure. Il est reçu 1er à l'agrégation de sciences physiques. Il est admis comme élève de 4e année à l'École Normale Supérieure.**
Protectorat français sur l'Annam et sur Madagascar.

1886 **Duhem est nommé agrégé préparateur de physique à l'École Normale Supérieure.**
Loi concernant la laïcisation des maîtres des écoles primaires publiques. Expériences de Hertz.

1887 **En octobre, Duhem est nommé maître de conférences à la faculté des sciences de Lille.**
Sadi Carnot est élu président de la République.
Construction de la Tour Eiffel.
Travaux de Hertz. Découverte de l'effet photoélectrique. Moteur à explosion à allumage de Daimler.

1888 **Duhem soutient une thèse de sciences mathématiques, devant un jury composé de Bouty, Darboux et Poincaré, sur l'aimantation par influence.**

1889 **Mort du père de Duhem (7 avril).**
Mise en liquidation de la Compagnie du canal de Panama.
Succès républicain aux élections législatives (5e législature).
Exposition universelle.

1890 **Mariage de Duhem avec Adèle Chayet.**
Manifestation ouvrière en faveur de la limitation de la durée journalière de travail à 8 heures (1er mai).

1891 **Naissance d'Hélène Duhem.**

1892 **Mort d'Adèle Duhem.**
La presse révèle à l'opinion publique le scandale de Panama. Démission du ministère Loubet. L'encyclique *Inter sollicitudines* recommande aux catholiques de se rallier à la République.
Four électrique de Moissan. Hydrogénation catalytique de Sabatier.

1893 **Duhem quitte Lille à la suite d'une querelle avec le doyen Demartres. Il rejoint la faculté des sciences de Rennes.**
Agitation anarchiste. A. Vaillant lance une bombe à la chambre des députés. « Lois scélérates » contre les anarchistes.

1894 **Duhem est nommé professeur de physique à la faculté des sciences de Bordeaux.**
Poursuite de l'agitation anarchiste. Sadi Carnot est poignardé par Casério. Casimir-Perier est élu président de la République.
Dreyfus est condamné à la déportation (22 décembre).

1895 **L'intitulé de la chaire de physique occupé par Duhem est modifié en chaire de physique théorique. Duhem est élu membre du Conseil de l'Université de Bordeaux.**
Démission de Casimir-Perier. Élection de Félix Faure. Création de la C.G.T. (septembre). Protectorat français à Madagascar.
Rayons cathodiques de J.J. Thomson et Jean Perrin. Rayons X de Röntgen.

1896 Découverte de la radioactivité par Becquerel.

**1897** Rebondissement de l'affaire Dreyfus.
Les accusés du procès de l'affaire de Panama sont acquittés.

**1898** **Duhem s'engage publiquement dans le camp des antidreyfusards. Il est évincé du Conseil de l'Université de Bordeaux.**
« *J'accuse* » de Zola (13 janvier). Création de la Ligue des Droits de l'Homme (20 février). Condamnation de Zola (23 février).
Découverte du radium par Pierre et Marie Curie. Moteur de Diesel.

**1899** Second procès Dreyfus. Condamné une nouvelle fois, il est gracié le 19 septembre. É. Loubet est élu président de la République.

**1900** **Duhem est élu membre correspondant de l'Académie des sciences (section mécanique).**
Inauguration de l'Exposition universelle de Paris (14 avril).
Inauguration du premier tronçon du métropolitain de Paris (19 juillet).
Théorie des quanta de Max Planck.

**1902** Décret de fermeture des écoles congréganistes (ministère Combes).

**1903** Violentes discussions concernant les congrégations.

**1904** **Publication de la *Théorie physique, son objet, sa structure* sous forme d'articles dans la Revue de philosophie (entre avril 1904 et juillet 1905).**
Loi interdisant l'enseignement à tout congréganiste. Les décrets d'application entraînent la fermeture de 2 300 écoles et la mise sous séquestre des biens de congrégations.

**1905** Loi sur la séparation de l'Église et de l'État.
Notion de grain de lumière (photon). Einstein : *Théorie de la relativité restreinte.*

**1906** **Première édition complète de** *La Théorie physique.*
Dreyfus est réhabilité (12 juillet). Fallières est élu président de la République.

**1907** Établissement de l'impôt sur le revenu.

**1908** **Duhem refuse d'être proposé pour la Légion d'honneur.**
*L'Action française,* créée en 1899, devient un journal quotidien.
Lippmann reçoit le prix Nobel pour ses travaux sur les interférences (méthode de reproduction photographique des couleurs).

**1910** Mesure de la charge de l'électron par Millikan.

**1911** **Publication du *Traité d'énergétique ou de thermodynamique générale.***
Démonstration expérimentale du noyau de l'atome par Rutherford.

**1913** **Duhem est élu membre non résident de l'Académie des sciences. Il devient le premier président de l'Association catholique des Étudiants de Bordeaux.**
R. Poincaré est élu président de la République. La durée du service est portée à 3 ans.
Conception planétaire de l'atome par Perrin, Rutherford, von Laue, Bohr.

**1914** **Publication des premiers tomes du** *Système du Monde.*
Jaurès est assassiné (31 juillet). L'Allemagne déclare la guerre à la France (3 août). L'Union sacrée (4 août). Bataille de la Marne (septembre). Notion de corps isotope.

**1915** Perfectionnement par Sommerfeld de la théorie de l'atome.

**1916** **Mort de Duhem à Cabrespine (14 septembre).**

# INDEX BIOGRAPHIQUE

ABRAHAM Max (1875-1922). Physicien allemand. Propagateur des théories de la relativité, cité par Duhem dans *La Science allemande,* publié chez Hermann en 1915.

AMPÈRE André-Marie (1775-1836). Mathématicien, physicien et chimiste français. Professeur d'analyse à l'École polytechnique. Élu membre de l'Académie des sciences en 1813. Fondateur des premières théories de l'électromagnétisme.

APPELL Paul (1855-1930). Mathématicien et physicien français. Élève de l'École Normale Supérieure, professeur à la Sorbonne. Élu à l'Académie des sciences en 1892. Recteur de l'Université de Paris de 1920 à 1925.

ARISTOTE (384-322 avant J.-C.). Philosophe grec. Précepteur d'Alexandre le Grand. Fondateur du Lycée (école péripatéticienne, ainsi nommée parce que le maître s'entretenait avec ses élèves en se promenant dans les rues). Auteur de traités fondamentaux d'une physique fondée sur une métaphysique supposant l'existence d'un Dieu, moteur de l'Univers. Dans nombre de ses écrits, Duhem fait référence à Aristote dont il épouse certaines idées (problème de la quantité et de la qualité, etc...).

AVOGADRO Amedeo (1776-1856). Célèbre physicien et chimiste italien. Ses travaux ont porté notamment sur la composition moléculaire de la matière.

BECQUEREL Henri (1852-1908). Physicien français. Prix Nobel de physique 1903 pour sa découverte de la radioactivité spontanée.

BELLARMIN Robert (1542-1621). Théologien italien, docteur de l'Église. Condamna les idées de Copernic et de Galilée.

BERNARD Claude (1813-1878). Médecin et physiologiste. Auteur de travaux importants sur la chimie de la digestion et le système nerveux. Professeur au Collège de France. Membre de l'Académie française. Auteur d'un ouvrage populaire : *Introduction à l'étude de la médecine expérimentale.*

BERT Paul (1833-1886). Homme politique français. Scientifique. Membre de l'Académie des sciences en 1881. Ministre de l'Instruction publique et des cultes dans le ministère présidé par Léon Gambetta du 14 novembre 1881 au 27 janvier 1882. Propagateur des idées laïques.

BERTHELOT Marcelin (1827-1907). Chimiste français. Auteur de travaux expérimentaux de premier ordre sur la synthèse chimique. Auteur de nombreux ouvrages. Refusa d'utiliser la notation atomique. S'opposa à Duhem à propos du principe du travail maximum.

BERTHOLLET Claude-Louis (1748-1822). Chimiste français. Auteur d'ouvrages importants dont les plus connus sont les *Recherches sur les lois de l'affinité* et l'*Essai de statique chimique,* publiés en 1803. Inspirateur des travaux de Duhem.

BOHR Niels (1885-1962). Physicien atomiste danois. Élève de J.J. Thomson et de Rutherford à Cambridge. Auteur d'un modèle planétaire de l'atome fondé sur la théorie des quanta et les découvertes de Rutherford. Prix Nobel de physique 1922 « pour le mérite de ses études sur la structure des atomes et le rayonnement qui en émane ».

BOLTZMANN Ludwig (1844-1906). Physicien allemand. Auteur de travaux sur la théorie cinétique des gaz et la mécanique statistique.
Adversaire des énergétistes.

BOUASSE Henri (1866-1953). Physicien français. Élève de l'École Normale Supérieure (promotion 1885-1888). Auteur d'un très grand nombre d'ouvrages et de publications à l'intention de physiciens et d'ingénieurs sur l'ensemble des disciplines constituant les sciences physiques. Professeur de physique à la faculté des sciences de Toulouse.
Ami et grand admirateur de Duhem. Très critique à l'égard du système de formation des ingénieurs et de l'enseignement scientifique dispensé en France.

BOUSSINESQ Joseph (1842-1929). Mathématicien et physicien théoricien français. Auteur de nombreux travaux sur la mécanique. Professeur de physique mathématique et de mécanique physique à la Sorbonne.

BOUTY Edmond (1846-1922). Professeur de physique générale à la faculté des sciences de Paris. Membre du jury de thèse qui attribua le titre de docteur ès sciences mathématiques à Duhem le 30 octobre 1888.

BRAZZA Pierre (SAVORGNAN DE) (1852-1905). Explorateur d'origine italienne, naturalisé Français en 1874. Fondateur de Brazzaville (1880). Commissaire du gouvernement français au Congo de 1887 à 1897.

BRIAND Aristide (1862-1932). Homme politique français. Secrétaire général du Parti socialiste français en 1901. Fréquemment ministre ou premier ministre entre 1906 et 1932. Prix Nobel de la paix en 1926.
A joué un rôle important dans la Société des Nations après la Première Guerre mondiale.

BRILLOUIN Marcel (1854-1948). Physicien influent dans la communauté scientifique française ; auteur d'une réponse restée célèbre à l'article d'Ostwald intitulé « La déroute de l'atomisme contemporain ».

BURIDAN Jean (v.1300-apr.1358). Philosophe scolastique français. Recteur de l'Université de Paris en 1327. Duhem s'attacha à découvrir dans ses œuvres les sources des découvertes ultérieures de la mécanique.

CARNOT Sadi (1796-1832). Physicien français, fils de Lazare Carnot, l'organisateur de la Victoire. Auteur des *Réflexions sur la puissance motrice du feu.* Dans cet ouvrage fondamental se trouve énoncé, pour la première fois, le second principe de la thermodynamique.

CAZOT Jules (1821-1912). Homme politique français. Ministre de la Justice de 1880 à 1882 dans trois ministères différents.

CLAIRAUT Alexis-Claude (1713-1765). Astronome et physicien français, membre de l'Académie des sciences à partir de 1731. A prédit avec une précision d'un mois la date du retour de la comète de Halley en 1758.

CLAUSIUS Rudolf Emanuel (1822-1888). Physicien allemand. A donné une formulation mathématique du second principe de la thermodynamique. Inventeur du mot « entropie », fonction d'état qui résulte de ce second principe.

COMBES Émile (1835-1921). Homme politique français. Président du Sénat de 1894 à 1895. Président du Conseil, avec le portefeuille de l'Intérieur et des Cultes, de 1902 à 1905, Émile Combes joue un rôle essentiel lors du vote de la loi de séparation de l'Église et de l'État (9 décembre 1905) et dans la rupture des relations entre la France et le Vatican (30 juillet 1904). Ministre d'État dans le ministère Aristide Briand du 29 octobre 1915 au 12 décembre 1916.

COPERNIC Nicolas (1473-1543). Astronome polonais. Auteur du *De revolutionibus orbium cœlestium,* publié à titre posthume en 1543, qui propose une nouvelle vision de l'Univers : le soleil est au centre du monde.

CORNU Alfred (1841-1902). Physicien français connu pour ses travaux sur l'optique (mesure de la vitesse de la lumière). Membre de l'Académie des sciences à partir de 1878.

COULOMB Charles (DE) (1736-1806). Physicien français. A établi des lois fondamentales en électricité et magnétisme. A également étudié le frottement mécanique.

DARBOUX Gaston (1842-1917). Mathématicien français, auteur de travaux sur la théorie des surfaces. Professeur de géométrie supérieure à la Sorbonne. Membre de l'Académie des sciences en 1884, puis secrétaire perpétuel à partir de 1900. Fut membre du jury de thèse qui conféra le titre de docteur ès sciences mathématiques à Duhem, le 30 octobre 1888.

DARWIN Charles (1809-1882). Naturaliste et biologiste anglais. Auteur de *L'Origine des espèces.* Fondateur des théories évolutionnistes. Violemment critiqué pour ses idées par les tenants des théories créationnistes.

DAUSSET Louis. Professeur. Fondateur de la Ligue de la Patrie française. Auteur le 31 décembre 1898, avec Gabriel Syveton, d'un appel signé par des académiciens, des membres de l'Institut, des professeurs au Collège de France, des professeurs d'Université contre la révision du procès Dreyfus.

DEBRAY Henri (1827-1888). Chimiste français. Membre de l'Académie des sciences à partir de 1877.

DELBOS Victor (1862-1916). Philosophe français spiritualiste. Auteur de travaux sur la philosophie de Kant et de Spinoza. Ami de Duhem.

DELÉPINE Stéphane-Marcel (1871-1965). Chimiste français. Collaborateur de Berthelot.

DÉMOCRITE (v.460-v.370 avant J.-C.). Philosophe grec. Premier « atomiste ». Démocrite proposa une théorie matérialiste fondée sur l'existence d'atomes insécables en admettant l'existence du vide.

DONDER Théophile (DE) (1872-1957). Physico-chimiste belge. Professeur à l'Université de Bruxelles. Célèbre pour ses travaux sur l'affinité chimique.

DREYFUS Alfred (1859-1935). Polytechnicien et officier d'artillerie. Accusé à tort d'avoir fourni des renseignements secrets à l'Allemagne. Condamné à la déportation à l'île du Diable lors du procès de 1894.
La bataille pour la révision du procès aboutit en 1906 à l'acquittement de Dreyfus et à sa réintégration dans son grade.

DRUMONT Édouard (1844-1917). Journaliste français, animateur de mouvements liés à l'extrême-droite nationaliste et antisémite. Fondateur de *La Libre Parole* en 1892, journal qui deviendra violemment antidreyfusard dès 1896. Auteur de *La France Juive* en 1892.

DUMAS Jean-Baptiste (1800-1884). Chimiste français. Auteur de célèbres *Leçons sur la philosophie chimique* professées au Collège de France en 1836. Opposé à la théorie atomique.

EDDINGTON Arthur Stanley (1882-1944). Physicien et astronome anglais. Vérifia la théorie de la relativité générale en mettant en évidence l'effet Einstein (courbure des rayons lumineux) lors de l'éclipse totale de soleil du 29 mai 1919. Auteur de nombreux ouvrages de synthèse, notamment *L'Univers en expansion* (1933).

EINSTEIN Albert (1879-1955). Grand physicien d'origine allemande. Auteur de travaux de synthèse. A énoncé la *Théorie de la relativité restreinte* en 1905, puis celle de la *Relativité générale* en 1916. N'a, semble-t-il, jamais rencontré Duhem.

EULER Leonhard (1707-1783). Mathématicien suisse, émule de d'Alembert. Auteur de travaux sur le calcul différentiel et le calcul intégral. A étudié tous les domaines des mathématiques.

FABRE Jean-Henri (1823-1915). Entomologiste français. Auteur de travaux sur les moeurs des insectes. Également connu pour ses œuvres de vulgarisation scientifique.

FARADAY Michael (1791-1867). Physicien anglais. Auteur de travaux dans le domaine de l'électricité et du magnétisme (action d'un aimant sur un courant, lois de l'induction, lois de l'électrolyse...).

FERRY Jules (1832-1893). Homme politique français. Ministre de l'Instruction publique de 1879 à 1881. Président du Conseil de 1880 à 1881. Auteur et défenseur des lois sur l'enseignement primaire laïque et obligatoire. Défenseur et promoteur de la politique de colonisation de la France (Tunisie, Congo, Madagascar...). Président du Sénat en 1893.

FLOQUET Charles (1828-1896). Homme politique français. Avocat, journaliste. Président du Conseil des ministres en 1888.

FRESNEL Augustin (1788-1827). Physicien français. Auteur d'importants travaux sur la diffraction, la polarisation et la double réfraction de la lumière.

FUSTEL DE COULANGES Numa-Denis (1830-1889). Historien et universitaire français. Professeur à l'École Normale Supérieure, puis à la Sorbonne.

GALILÉE Galileo Galilei (dit) (1564-1642). Astronome et physicien italien. Défenseur des thèses coperniciennes, condamné à la suite d'un procès célèbre.

GAMBETTA Léon (1838-1882). Homme politique français. Avocat. Dirigeant de l'opposition républicaine et radicale dès 1872. Président de la Chambre des députés en 1879. Président du Conseil en 1881.

GAUSS Carl Friedrich (1777-1855). Grand mathématicien, physicien et astronome allemand, un des scientifiques les plus influents du XIXe siècle.

GAY-LUSSAC Louis-Joseph (1778-1850). Physicien et chimiste français. Auteur de travaux sur la dilatation des gaz. Élu à l'Académie des sciences en 1804.

GERNEZ Désiré (1834-1910). Chimiste français. Professeur à l'École Normale Supérieure. Examinateur de Duhem en chimie lors de l'examen d'entrée. Auteur de travaux sur les changements d'état (ébullition, cristallisation).

GIBBS Josiah Willard (1839-1903). Mathématicien et physico-chimiste américain. Professeur à l'Université Yale (Connecticut). Auteur d'un mémoire fondamental sur l'équilibre et l'évolution des systèmes chimiques. Correspondant de Duhem.

GLANSDORFF Paul (né en 1904). Physico-chimiste belge. Auteur de nombreux travaux sur la thermodynamique des processus irréversibles. Collaborateur d'Ilia Prigogine.

GOSSELET Jules-Auguste (1832-1916). Géologue et paléontologue français.

GRÉVY Jules (1807-1891). Homme politique français. Républicain. Président de la République de 1879 à 1887.

GUIRAUD Jean (mort en 1950). Fondateur du Journal *La Croix*. Agrégé d'histoire. Un des cinq membres du « groupe de Cabrespine ».
Ami de Duhem.

HADAMARD Jacques (1865-1963). Mathématicien français. Élève de l'École Normale Supérieure (promotion 1884-1887). Professeur à la faculté des sciences de Bordeaux de 1893 à 1897, à la Sorbonne de 1897 à 1909, au Collège de France de 1909 à 1937. Son séminaire a animé pendant un demi-siècle la vie mathématique française.

HEAVISIDE Oliver (1850-1925). Physicien et ingénieur anglais. Auteur d'une formule généralisée de l'« équation des télégraphistes » – sur la propagation d'un signal électrique le long d'un fil télégraphique de section circulaire – précédemment proposée par Kirchhoff.

HELMHOLTZ Hermann (VON) (1821-1894). Chimiste, physicien et mathématicien allemand. Énergétiste avant la lettre. Ses travaux en acoustique (timbre des sons, résonateur pour analyse et synthèse des sons) sont restés célèbres.

HENRY Hubert (1846-1898). Chef de service du contre-espionnage au moment de l'affaire Dreyfus (1894). Auteur d'un faux destiné à condamner ce dernier. Confondu, il se suicida dans sa cellule après son arrestation.

HERMITE Charles (1822-1901). Mathématicien français. Auteur de travaux féconds sur la théorie des nombres et les fonctions elliptiques. Membre du jury qui refusa la thèse de Duhem le 20 octobre 1884.

HERR Lucien (1864-1926). Bibliothécaire de l'École Normale Supérieure. Influença fortement les options socialistes de Jean Jaurès et de Léon Blum. Animateur de la campagne pour la révision du procès Dreyfus. Collaborateur du journal *L'Humanité* au moment de sa fondation en 1904.

HERTZ Heinrich (1857-1894). Physicien allemand. A vérifié expérimentalement les théories de Maxwell (expériences de l'oscillateur de Hertz, 1886). Découvre en 1888 les ondes électromagnétiques et l'effet photoélectrique.

HORSTMANN August Friedrich (1842-1929). Physico-chimiste allemand, auteur de travaux sur la dissociation chimique. Cité par Duhem dans son *Introduction à la mécanique chimique.*

HUGONIOT Pierre Henri (1851-1887). Mathématicien et mécanicien français. Auteur de travaux fondamentaux sur la propagation des ondes dans les fluides et d'études sur les turbines à vapeur.

HUYGENS Christiaan (1620-1695). Physicien et astronome hollandais. S'installa en France en 1665 sous la protection de Colbert, qui le fit entrer à l'Académie des sciences.

JAURÈS Jean (1859-1914). Homme politique français. Socialiste. Fondateur de *L'Humanité*. Entré à l'École Normale Supérieure en 1878, devient socialiste en 1892. Brillant orateur, député de Carmaux, participe aux luttes des ouvriers mineurs. Tente de prévenir la guerre et meurt assassiné le 31 juillet 1914.

KEPLER Johannes (1571-1630). Mathématicien, physicien et astronome allemand. Se réfugie à Prague vers 1600 à la suite de persécutions religieuses. Ses travaux de mécanique céleste sur les orbites elliptiques des planètes (lois de Kepler) confirment et complètent les idées de Copernic.

KIRCHHOFF Gustav Robert (1824-1887). Physicien allemand. Auteur de travaux dans le domaine de l'optique et de l'électricité. Un des fondateurs de l'énergétique, proche d'Ostwald. Auteur de la phrase célèbre : « A la prétendue explication de la Nature, substituer la description des faits », vivement contestée par les atomistes.

LACAZE-DUTHIERS Henri (DE) (1821-1901). Zoologiste français. Professeur au Muséum d'histoire naturelle et à la Sorbonne. Fondateur des Archives de zoologie expérimentale. Membre influent de l'Académie des sciences. Ami de Berthelot.

LAKANAL Joseph (1762-1846). Conventionnel. Un des fondateurs de l'École Normale de l'an III.

LANGEVIN Paul (1872-1946). Physicien français. Auteur de recherches sur le magnétisme, le mouvement brownien et les ultra-sons. Professeur de physique au Collège de France en 1909. Directeur de l'École de Physique et Chimie de Paris en 1925. Membre de l'Académie des sciences en 1934. Ami d'Einstein et vulgarisateur des théories de la relativité. Militant antifasciste. Fondateur du Comité Amsterdam-Pleyel contre la guerre et le fascisme et du Comité de vigilance des intellectuels antifascistes en 1935. Résistant, arrêté en 1940, puis évadé. Fondateur de la revue *La Pensée,* revue du rationalisme moderne. Adhère en 1944 au Parti Communiste français. Préside à la Libération, avec Henri Wallon, une commission de réforme de l'enseignement.

LAPLACE Pierre-Simon (DE) (1749-1827). Mathématicien, physicien et astronome français. Professeur à l'École polytechnique. Membre de l'Académie des sciences et de l'Académie française. Auteur de travaux remarquables, notamment l'*Exposition du système du monde.* Homme politique. Ministre de l'Intérieur en 1799. Pair de France en 1815.

LAUE Max (VON) (1879-1960). Physicien théoricien allemand. Élève de Planck. Professeur à l'Université de Berlin. Ardent défenseur des théories de la relativité. Auteur d'un ouvrage publié en 1911 sur la relativité restreinte, puis en 1921 sur la relativité généralisée. Prix Nobel de physique 1914 « pour sa découverte de la diffraction des rayons Röntgen dans les cristaux ».

LAVISSE Ernest (1842-1922). Historien français. Professeur d'histoire à la Sorbonne en 1888. Membre de l'Académie française en 1892. Auteur de nombreux ouvrages historiques, notamment une *Histoire de France des origines à nos jours.*

LAVOISIER Antoine-Laurent (DE) (1743-1794). Chimiste et physicien français. Ses travaux les plus connus portent sur le rôle de l'oxygène dans la combustion. Il établit, à partir des expériences sur la composition de l'air, la loi de conservation de la masse. Lavoisier fut exécuté en 1794, au moment de la Terreur, comme fermier général.

LE CHATELIER Henry (1850-1936). Chimiste français. Traducteur des travaux de Gibbs. S'intéressa, en dehors de la chimie où il énonça la loi générale de déplacement des équilibres, à la métallurgie et à l'organisation du travail. Diffusa les travaux de Taylor à ce sujet.

LEMOINE Georges (1841-1922). Physicien français. Auteur de travaux et de publications sur la thermodynamique.

LIARD Louis (1846-1917). Professeur de philosophie à la faculté des lettres de Bordeaux, avant de faire carrière dans l'administration universitaire. Influent directeur des enseignements supérieurs de 1884 à 1893.

LIPPMANN Gabriel (1845-1921). Physicien français. Élève de l'École Normale Supérieure. Élu à l'Académie des sciences en 1886. Membre et président du jury qui refusa la thèse de Duhem le 30 octobre 1884.
Ami de Berthelot. Prix Nobel de physique 1908 « pour sa méthode de reproduction photographique des couleurs, fondée sur le phénomène de l'interférence ».

LORENTZ Hendrik-Antoon (1853-1928). Mathématicien et physicien hollandais. Professeur de physique à l'Université de Leyde. Auteur et concepteur d'un outil mathématique qui conduira à la théorie de la relativité. Reçoit en 1902 le prix Nobel de physique qu'il partage avec Pietr Zeeman pour ses « recherches sur l'influence du magnétisme sur les phénomènes de rayonnement ».

LUCRÈCE (v.98-55 av. J.-C.). Poète et philosophe romain. Auteur du célèbre poème *De Natura Rerum* dans lequel il défend l'idée de l'existence d'atomes et une philosophie naturelle et matérialiste.
Disciple d'Épicure et de Démocrite.

MAC-MAHON Edme (DE) (1808-1893). Homme politique. Général. Président de la République en 1873. Succède à Thiers. Connu pour son attachement à « l'ordre moral ».

MASSIEU François-Jacques-Dominique (1832-1896). Inspecteur général des mines. Professeur de géologie à la faculté des sciences de Rennes.
Auteur de travaux importants sur les fonctions caractéristiques de la thermodynamique appelées plus tard, notamment par Duhem, potentiels thermodynamiques.

MAXWELL James Clerk (1831-1879). Physicien anglais. Auteur d'une théorie unificatrice des sciences de l'optique, de l'électricité et du magnétisme. Duhem a combattu les méthodes de Maxwell tout en reconnaissant la validité de ses théories.

MICHELSON Albert (1852-1931). Physicien anglais. Réalisa, avec Morley, l'expérience dite de Michelson-Morley dont les résultats – négatifs – ont permis d'établir la constance de la vitesse de la lumière dans tout repère galiléen, un des fondements de la théorie de la relativité. Prix Nobel de physique 1907 « pour ses instruments optiques de précision et pour les recherches spectroscopiques et métrologiques exécutées à l'aide de ces instruments ».

MINKOWSKI Herman (1864-1909). Physicien. Professeur à l'École polytechnique de Zurich au moment où Einstein y fut élève.

MORLEY Edward (1838-1923). Physicien expérimentateur anglais. Collaborateur de Michelson.

MOSSOTTI Ottaviano Fabrizio (1791-1863). Physicien italien. Auteur de travaux sur la polarisation des diélectriques.

NERNST Walther (1864-1941). Physico-chimiste allemand. Élève d'Ostwald. Continuateur de l'œuvre de Gibbs. Prix Nobel de chimie 1920 « en reconnaissance de ses travaux de thermochimie ».

NEWTON Isaac (1642-1727). Mathématicien, physicien et astronome anglais. Auteur des *Principes mathématiques de la philosophie naturelle,* un des textes fondateurs de la science moderne.

ŒRSTED Hans-Christian (1777-1851). Physicien danois. L'expérience d'Œrsted (1820) fonde les études portant sur le champ magnétique créé par un courant, partie importante de l'électromagnétisme.

OLLÉ-LAPRUNE Léon (1839-1898). Philosophe catholique français. Auteur de travaux sur la philosophie de Malebranche et la morale d'Aristote. Élu membre de l'Académie des sciences morales en 1897.

ORESME Nicole (v.1320-1382). Évêque de Lisieux intéressé par les questions théoriques et pratiques de la mécanique. Duhem le considère comme l'un des artisans et des précurseurs des grandes avancées scientifiques du XVe et du XVIe siècles.

OSIANDER Andreas Hosemann (dit) (1498-1552). Théologien catholique du XVIe siècle. Auteur présumé de la préface du traité posthume *De revolutionibus* de Copernic. Cette préface était destinée, selon Duhem, à atténuer le scandale provoqué par la publication de l'ouvrage de Copernic dont les idées étaient considérées comme contraires aux textes sacrés. Osiander supervisa l'édition du *De revolutionibus,* publié en 1543.

OSTWALD Wilhelm (1853-1932). Physicien et chimiste allemand. Fondateur de l'École énergétiste. Correspondant régulier de Duhem.
Prix Nobel de chimie 1909 « pour ses travaux sur la catalyse et ses travaux préparatoires sur les conditions d'équilibre chimique et de vitesse de réaction ».

PAINLEVÉ Paul (1863-1933). Mathématicien et physicien français. Normalien (promotion 1883-1886). Auteur de travaux de recherche en mécanique des fluides. Membre de l'Académie des sciences à partir de 1900. Homme politique : ministre de l'Instruction publique en 1915, ministre de la Guerre en 1917, président du Conseil de septembre à novembre 1917. Organise les recherches en faveur de l'industrie militaire pendant la guerre de 1914-1918. De nouveau ministre de la Guerre dans plusieurs ministères entre 1925 et 1930, président du Conseil en 1924 et en 1925, ministre de l'Air en 1930-1931 et 1932-1933.

Grand ami de Duhem, rencontré à l'École Normale Supérieure puis à Lille. L'affaire Dreyfus brisera cette amitié. Paul Painlevé fonde la Ligue des Droits de l'Homme à l'occasion de l'Affaire.

PEILLAUBE Pierre (mort en 1930). Ecclésiastique catholique (mariste). Doyen de la Faculté catholique de Lille. Directeur de la *Revue de Philosophie.* Directeur de la *Revue thomiste.* Ami de Duhem.

PERRIN Jean (1870-1942). Physicien français. Prix Nobel 1926 pour ses travaux sur la structure de la matière. Atomiste. Auteur d'ouvrages de synthèse sur les grandes questions de la recherche en physique. Promoteur principal du Palais de la Découverte, installé au Grand-Palais, à Paris en 1936.

PICARD Émile (1856-1941). Mathématicien français. Professeur à l'Université de Toulouse de 1879 à 1885, puis professeur à la Sorbonne, chargé du cours de calcul différentiel et intégral. Membre de l'Académie des sciences à partir de 1889. Secrétaire perpétuel de cette académie de 1917 à 1941. Auteur d'un texte élogieux sur la vie et l'œuvre de Pierre Duhem, lu à l'Académie des sciences le 12 décembre 1921, bien qu'ayant fait partie du jury qui refusa le travail de thèse de Duhem le 20 octobre 1884.

PLANCK Max (1858-1947). Physicien allemand. Élève de Kirchhoff qui le pousse à l'étude des radiations. Professeur à Kiel, puis à Berlin où il dirige l'Institut de physique théorique. Fondateur de la théorie des quanta. Prix Nobel de physique 1918, « en reconnaissance des services qu'il a rendus pour le développement de la physique par la découverte de l'élément (quantum) d'actions ».

POINCARÉ Henri (1854-1912). Mathématicien français. Auteur de travaux théoriques et de synthèses dans les domaines les plus divers. Membre du jury de thèse qui conféra le titre de docteur ès sciences mathématiques à Pierre Duhem le 30 octobre 1888.

POISSON Denis (1781-1840). Mathématicien et physicien français. Auteur d'une *Théorie mathématique de la chaleur,* d'une *Théorie du calcul des probabilités* et d'un *Traité de mécanique.* Élève de l'École polytechnique. Élu à l'Académie des sciences en 1812.

POYET Pierre (1887-1913). Élève de l'École Normale Supérieure, section Sciences, promotion 1906-1909. Catholique mystique, il fut l'organisateur, l'animateur, l'« âme » de la communauté catholique à l'École Normale Supérieure au cours de sa scolarité. Rencontra Duhem à plusieurs reprises à Bordeaux. Joua un rôle important dans la conversion d'Ernest Lavisse à la fin de sa vie.

PRIGOGINE Ilia (né en1917). Physicien et chimiste de l'École de Bruxelles. Prix Nobel de Chimie 1979 pour ses travaux sur la thermodynamique des processus irréversibles.

QUATREFAGES DE BRÉAU Jean Louis-Armand (DE) (1810-1892). Naturaliste français. Membre de l'Académie des sciences en 1852. Auteur de travaux sur les rongeurs. Partisan et défenseur de l'idée de l'origine unique de l'espèce humaine.

RANKINE Macquorn (1820-1872). Physicien anglais. Fondateur de l'énergétique.

RAYLEIGH John William Strutt (1842-1919). Physicien anglais. Professeur de physique expérimentale en 1879, successeur de Maxwell à ce poste. Nommé en 1896 professeur de philosophie naturelle à l'Institut Royal de Londres. Prix Nobel de physique 1904 « pour ses recherches sur la densité des principaux gaz et sa découverte, en rapport avec ces recherches, de l'argon ».

REINACH Joseph (1856-1921). Collaborateur de Gambetta. Milita pour la révision du procès Dreyfus.

RENAN Ernest (1823-1892). Philosophe. Historien de la religion. Positiviste. Anticlérical. Auteur d'une *Vie de Jésus,* vivement critiquée par le clergé. Ami de Marcelin Berthelot.

RÖNTGEN Wilhelm Conrad (1845-1923). Physicien allemand. Découvre les rayons X en 1895. Prix Nobel de physique 1901 « en reconnaissance des mérites éminents dont il a fait preuve par la découverte des rayons qui portent aujourd'hui son nom ».

RUTHERFORD Ernest (1871-1937). Physicien anglais. Découvre « l'électron », puis le noyau de l'atome. Prix Nobel de chimie 1908 « pour ses recherches sur la désagrégation des éléments et la chimie des matières radioactives ».

SAINTE-CLAIRE DEVILLE Henri-Étienne (1818-1881). Chimiste français. Professeur de chimie à l'École Normale Supérieure. Auteur de travaux expérimentaux et théoriques sur la dissociation des corps.

SYVETON Gabriel (1864-1904). Historien nationaliste, antisémite.
Militant antidreyfusard. Fondateur de la Ligue de la Patrie française. (Voir Dausset.)

TAINE Hippolyte (1828-1893). Philosophe français. Professeur à l'École des Beaux-Arts. Membre de l'Académie française (1875). Partisan et promoteur de la philosophie du progrès, puis philosophe conservateur, opposé parfois avec vigueur aux idées progressistes et révolutionnaires.

TANNERY Jules (1848-1910). Mathématicien français. Directeur de l'École polytechnique.

TANNERY Paul (1843-1904). Frère du précédent. Historien des sciences (mathématiques). Tenta avec l'appui de Duhem de faire créer une chaire d'Histoire des sciences au Collège de France en 1903... en vain.

THIERS Adolphe (1797-1877). Homme politique français. Ministre de l'Intérieur sous le règne de Louis-Philippe. Président du Conseil à plusieurs reprises puis président de la République en 1871.
Renversé par les monarchistes en 1873 au profit de Mac-Mahon.
Partisan d'une république conservatrice, Thiers joua un rôle décisif dans l'organisation de la répression sanglante contre la Commune de Paris (18 mars-28 mai 1871).

THOMSEN Hans Peter Jörgen Julius (1826-1909). Chimiste danois auquel Duhem attribue les premiers travaux de thermochimie.

THOMSON Joseph John (1856-1940). Physicien anglais. Professeur au Collège de La Trinité de l'Université de Cambridge. Participa à la découverte de l'électron. Prix Nobel de physique 1906 « en reconnaissance des grands mérites dont il a fait preuve dans ses recherches théoriques et expérimentales sur le passage de l'électricité à travers les gaz ».

VAN DER WAALS Johannes Diderick (1837-1923). Physicien hollandais. Professeur de physique à l'Université d'Amsterdam. Auteur de travaux sur la continuité des états liquides et gazeux. Prix Nobel de physique 1910 « pour ses travaux concernant l'équation de l'état d'agrégation des gaz et des liquides ».

VAN'T HOFF Jacobus-Henricus (1852-1911). Physico-chimiste néerlandais. Auteur de travaux importants sur la mécanique des réactions chimiques. Duhem écrivit en 1900 un article sur l'œuvre de Van't Hoff qu'il admirait. Prix Nobel de Chimie 1901 « pour la découverte des lois de la chimie dynamique et de la pression osmotique dans les solutions ».

WALD Frantisek (1861-1930). Physico-chimiste tchèque. Élève d'Ostwald. Correspondant de Duhem.

WURTZ Charles-Adolphe (1817-1884). Chimiste français. Auteur d'un dictionnaire de chimie. Tenta d'introduire, contre l'avis de la communauté des chimistes, la notation atomique et se heurta aux attitudes fort réservées de ses collègues, notamment de Berthelot et de Duhem.

YOUNG Thomas (1773-1829). Médecin et physicien anglais. Auteur de travaux sur l'optique (diffraction). Expérimentateur avisé. La conception de la physique défendue par Young a été vivement attaquée par Duhem.

# BIBLIOGRAPHIE

## Œuvres essentielles de Pierre Duhem

### Ouvrages publiés séparément

1. *Le potentiel thermodynamique et ses applications à la mécanique chimique et à la théorie des phénomènes électriques ;* 1 vol. in-8°, XII-248 pp., Hermann, 1886.

2. *Hydrodynamique, élasticité, acoustique,* cours professé à la faculté des sciences de Lille ; 2 vol. in-4° autographiés, Hermann, 1891.
Premier volume : *Théorèmes généraux, les corps fluides ;* IV-378 pp.
Second volume : *Les fils et les membranes, les solides élastiques, l'acoustique,* 310 pp.

3. *Leçons sur l'électricité et le magnétisme ;* 3 vol. in-8°, A. Gauthier-Villars et fils, 1891-1892.
Tome I : *Les corps conducteurs à l'état permanent,* VIII-560 pp.
Tome II : *Les aimants et les corps diélectriques,* 480 pp.
Tome III : *Les courants linéaires,* 528 pp.

4. *Introduction à la mécanique chimique ;* 1 vol. in-8°, 188 pp., Gand, Ad. Hoste, 1893.

5. *Traité élémentaire de mécanique chimique, fondée sur la thermodynamique ;* 4 vol. in-8°, Hermann, 1897-1899.
Tome I : *Introduction, Principes fondamentaux de la thermodynamique, Faux équilibres et explosion,* VIII-330 pp.
Tome II : *Vaporisation et modifications analogues, Continuité de l'état liquide et de l'état gazeux, Dissociation des gaz parfaits,* 378 pp.
Tome III : *Les mélanges homogènes, Les dissolutions,* 380 pp.
Tome IV : *Les mélanges doubles, Statique chimique générale des systèmes hétérogènes,* 381 pp.

6. *Thermodynamique et chimie, Leçons élémentaires à l'usage des chimistes ;* 1 vol. in-8°, 496 pp., Hermann, 1902.

7. *Thermodynamique et chimie ; Leçons élémentaires,* seconde édition entièrement refondue et considérablement augmentée ; 1 vol. in-8°, XII-579 pp., Hermann, 1910.

8. *Un fragment inédit de l'*Opus tertium *de Roger Bacon, précédé d'une étude sur ce fragment ;* 1 vol. in-8°, 197 pp., Ad Claras Aquas (Quarrachi), ex typographia Collegii S. Bonaventurae, 1909.

9. *Traité d'énergétique ou de thermodynamique générale ; 2 vol. in-8°, Gauthier-Villars, 1911.*
*Tome I : Conservation de l'énergie, Mécanique rationnelle, Statique générale, Déplacement de l'équilibre,* 528 pp.
Tome II : *Dynamique générale, Conductibilité de la chaleur, Stabilité de l'équilibre,* 504 pp.

10. *Le système du monde, Histoire des doctrines cosmologiques de Platon à Copernic ;* A. Hermann et fils.
Tome I : *La cosmologie hellénique,* 512 pp., 1913.
Tome II : *La cosmologie hellénique (fin), L'astronomie latine au Moyen Age,* 522 pp., 1914.
Tome III : *L'astronomie latine au Moyen Age (suite),* 549 pp., 1915.
Tome IV : *L'astronomie latine au Moyen Age (fin), La crue de l'aristotélisme,* 597 pp., 1916.
Les six volumes suivants ont été publiés, sous le patronage de l'Académie des sciences, après la mort de l'auteur :
Tome V : *La crue de l'aristotélisme (fin),* 596 pp., 1917.
Tome VI : *Le reflux de l'aristotélisme,* 1918.
Tome VII : *La physique parisienne au XIVe siècle,* 1919.
Tome VIII : *La physique parisienne au XIVe siècle,* 1956.
Tome IX : *La physique parisienne au XIVe siècle,* 1958.
Tome X : *La cosmologie du XVe siècle. Écoles et universités au XVe siècle,* 1959.

11. *La science allemande ;* 1 vol. in-12°, 145 pp., A. Hermann et fils, 1915.

12. *La chimie est-elle une science française ?* 1 vol. in-12°, 187 pp., A. Hermann et fils, 1916.

## Articles réunis en volumes

1. *Le mixte et la combinaison chimique, essai sur l'évolution d'une idée ;* 1 vol. in-8°, 208 pp., C. Naud, 1902.
Première partie : *Des origines à la révolution chimique,* Revue de philosophie, première année, 1900-1901, t. 1, p. 691.
Seconde partie : *De la révolution chimique jusqu'à nos jours,* Ibid., première année, 1900-1901, t.1, pp. 167, 331 et 426.

2. *Les théories électriques de J. Clerk Maxwell, étude historique et critique ;* 1 vol. in-8°, 228 pp., Hermann, 1902.
*Introduction ;* Annales de la société scientifique de Bruxelles, t. XXIV, IIe partie, Mémoires, pp. 239-253, 1900.
Première partie : *Les électrostatiques de Maxwell,* Ibid., t. XXV, IIe partie, Mémoires, pp. 1-90, 1901.
Seconde partie : *L'électrodynamique de Maxwell,* Ibid, pp. 203-417, 1901.

3. *Recherches sur l'hydrodynamique ;* Première série, 1 vol. in-4°, 212 pp., Gauthier-Villars, 1903, contenant :
Première partie : *Sur les principes fondamentaux de l'hydrodynamique,* Annales de la faculté des sciences de Toulouse, 2e série, t. III, p. 315, 1901.

Deuxième partie : *Sur la propagation des ondes,* Ibid., 2e série, t. III, p. 379, 1901, et t. IV, p. 101, 1902.
Troisième partie : *Des quasi-ondes,* Ibid., 2e série, t.V, p. 5, 1903.

4. *Recherches sur l'hydrodynamique,* seconde série ; 1 vol. in-4°, 153 pp., Gauthier-Villars, 1904, contenant :
Quatrième partie : *Des conditions aux limites,* Annales de la faculté des sciences de Toulouse, 2e série, t. V, pp. 25 et 197, 1903.
Cinquième partie : *Le théorème de Lagrange et les conditions aux limites,* Ibid., 2e série, t. V, p. 353, 1903.
Sixième partie : *Sur les deux cœfficients de viscosité et la viscosité au voisinage de l'état critique,* Ibid., 2e série, t. V, p. 377, 1903.

5. *L'évolution de la mécanique ;* 1 vol. in-12, 348 pp., A. Joanin, 1903, Revue générale des sciences pures et appliquées, t. XIV, 1903, pp. 63, 119, 171, 247, 299, 352 et 416.

6. *Les origines de la statique ;* 2 vol. in-8°, 360 pp. et 364 pp., Hermann, 1905-1906, Revue des questions scientifiques, 3e série, t. IV, 1903, p. 462 ; t. V, 1904, p. 560 ; t. VI, 1904, pp. 9 et 394 ; t. VII, 1905, pp. 96 et 462 ; t. VIII, 1905, pp. 115 et 508 ; t. IX, 1906, pp. 115 et 383 ; t. X, 1906, p. 65.

7. *Recherches sur l'élasticité ; 1 vol. in-4°, 218 pp., Gauthier-Villars, 1906, contenant :*
Première partie : *De l'équilibre et du mouvement des milieux vitreux ;* Annales de l'École Normale supérieure, 3e série, t. XXI, 1904, p. 99.
Deuxième partie : *Les milieux vitreux peu déformés,* Ibid., t. XXI, 1904, p. 375.
Troisième partie : *La stabilité des milieux élastiques,* Ibid., t. XXII, 1905, p. 143.
Quatrième partie : *Propriétés générales des ondes au sein des milieux visqueux et non visqueux,* Ibid., t. XXIII, 1906, p. 169.

8. *La théorie physique, son objet et sa structure ;* 1 vol. in-8°, 450 pp., Chevalier et Rivière, 1906, Revue de philosophie, 4e année, 1904, vol. I, pp. 387, 542 et 643 ; 4e année, 1904, vol. II, pp. 121, 241, 353, 535 et 712 ; 5e année, 1905, vol. I, pp. 25, 267, 377 et 519.

8 bis. *La théorie physique, son objet et sa structure ;* 2e édition augmentée, Rivière, 1914.

9. *Études sur Léonard de Vinci, ceux qu'il a lus et ceux qui l'ont lu ;* Première série, 1 vol. in-8°, VIII-355 pp., Hermann, 1906, contenant : Albert de Saxe et Léonard de Vinci, Bulletin italien, t. V, 1905, pp. 1 et 113.
Léonard de Vinci et Villalpand, Ibid., t. V, 1905, p. 237.
Léonard de Vinci et Bernardino Baldi, Ibid., t. V, 1905, p. 309.
Bernardino Baldi, Roberval et Descaries, Ibid., t. VI, 1906, p. 25.
Thémon le fils du juif et Léonard de Vinci, Ibid., t. VI, 1906, pp. 97 et 185.
Léonard de Vinci, Cardan et Bernard Palissy, Ibid., t. VI, 1906, p. 289.
La Scientia de ponderibus et Léonard de Vinci.
Albert de Saxe.
(ces deux derniers articles n'ont été publiés dans aucune revue).

Études sur Léonard de Vinci, ceux qu'il a lus et ceux qui l'ont lu ; Seconde série, 1 vol. in-8°, IV-474 pp., Hermann, 1909, contenant :
Léonard de Vinci et les deux infinis.
Léonard de Vinci et la pluralité des mondes (ces deux articles n'ont été publiés dans aucune revue).
Nicolas de Cues et Léonard de Vinci (Bulletin italien, t. VII, 1907, pp. 87, 181 et 314 ; t. VIII, 1908, pp. 18 et 216.
Léonard de Vinci et les origines de la géologie, Ibid., t. VIII, 1908, pp. 212 et 250.

Études sur Léonard de Vinci ;
troisième série : Léonard de Vinci et les précurseurs parisiens de Galilée ; 1 vol. in-8°, XII-610 pp., Hermann, 1913, contenant :
Jean I Buridan (de Béthune) et Léonard de Vinci, Bulletin italien, t. IX, 1909, pp. 27, 97 et 193.
La tradition de Buridan et la science italienne au XVIe siècle, Ibid., t. IX, 1909, p. 338 ; t. X, 1910, pp. 24, 95 et 202.
Dominique Soto et la scolastique parisienne, Bulletin hispanique, t. XII, 1910, pp. 275 et 357 ; t. XIII, 1911, pp. 157, 291 et 440 ; t. XIV, 1912, pp. 60 et 127.
La dialectique d'Oxford et la scolastique italienne, Bulletin italien, t. XII, 1912, pp. 6, 95, 203 et 289 ; t. XIII, 1913, pp. 16 et 128.

Sôzein ta Phainomena, essai sur la notion de théorie physique de Platon à Galilée ; 1 vol. in-8°, 144 pp., Hermann, 1908, Annales de philosophie chrétienne, 79e année, 1908, pp. 113, 277, 352, 482 et 561.

Le mouvement absolu et le mouvement relatif ; 1 vol. in-8°, 284 pp., Montligeon, Imprimerie-librairie de Montligeon, 1909, Revue de philosophie, 7e année, 1907, vol. II, pp. 221, 347 et 548 ; 8e année, 1908, vol. I, pp. 134, 246, 386, 486 et 607 ; vol. II, pp. 123, 275, 515 et 635 ; 9e année, 1909, vol. I, pp. 149, 306, 436 et 499.

## Ouvrages ou traductions de P. Duhem publiés ou réédités après la mort du savant

(à l'exception des publications des derniers tomes du *Système du Monde* dont nous avons donné les dates précédemment).

1. *Recherches sur l'hydrodynamique ;* Nouvelle édition avec une préface de J. Kampé de Fériet, 396 pp.
Publications scientifiques et techniques du ministère de l'Air, Paris, 1961.

2. *The Aim and Structure of Physical Theory ;* Foreword by Prince Louis de Broglie, Translated from the French by Philip P. Wiener, in-8°, Princeton University Press, 1954, XVII, 364 pp., reprint New York, 1963.

3. *To Save the Phenomena ; An Essay on the Idea of Physical Theory from Plato to Galileo,* Translated by Edmond Doland and Chaniah Maschler, Introductory Essay by Stanley L. Jakj, 120 pp., The University Chicago Press, 1969.

4. *La théorie physique, son objet et sa structure ;* deuxième édition revue et augmentée, reproduction fac-similé avec avant-propos, index et bibliographie de Paul Brouzeng, Vrin, 1981.

5. *Sôzein ta Phainomena ;* reprise, reproduction fac-similé avec introduction de Paul Brouzeng, Vrin, 1982.

6. *Le mixte et la combinaison chimique,* Fayard, 1985.

## Notes et mémoires

Comptes Rendus des séances de l'Académie des sciences : entre 1884 (date de sa première communication) et 1916, Pierre Duhem a adressé plus de cent articles à l'Académie des sciences, couvrant l'ensemble des domaines de la science physico-chimique. Ces contributions constituent les éléments essentiels de la théorie physique élaborée par Pierre Duhem, fondée sur les principes de l'énergétique. Les références exactes de toutes ces notes sont indiquées dans les travaux consacrés à l'œuvre de Duhem, notamment dans l'ouvrage de S.L. Jaki (*Uneasy Genius : the Life and the Work of Pierre Duhem ;* Martinus Nijhoff Publishers, International Archives of the History of Ideas, 1984) et dans la thèse de P. Brouzeng (documents annexes comportant une bibliographie quasicomplète). Ces publications figurant dans les Comptes Rendus de l'Académie des sciences ne représentent qu'une part des articles écrits par Pierre Duhem. Plusieurs centaines de communications ont fait l'objet de publications dans les revues suivantes :
*Acta societatis scientiarum fennicae (Helsinki)*
*American Journal of Mathematics*
*Annales de chimie et de physique*
*Annales de la faculté des sciences de Toulouse*
*Annales de la Société scientifique de Bruxelles*

*Annales de philosophie chrétienne*
*Annales scientifiques de l'École Normale supérieure*
*Archiv fur die Geschichte der Naturwissenschaften und der Technik*
*Archivium franciscanum historicum*
*Archives néerlandaises des sciences exactes et naturelles*
*Bibliotheca mathematica*
*Bulletin de l'Association technique maritime*
*Bulletin de la société chimique du Nord de la France*
*Bulletin des sciences mathématiques*
*Bulletin of New York Mathematical Society*
*Comptes rendus du deuxième congrès de philosophie, Genève 1904*
*Congrès de l'Association française pour l'avancement des sciences*
*Festschrift Ludwig Boltzmann gewidmet zum sechzigsten Geburstage, 25 Februar 1904*
*Journal de chimie physique*
*Journal de mathématiques pures et appliquées*
*Journal de physique théorique et appliquée*
*Journal of Physical Chemistry*
*L'éclairage électrique*
*Mémoires de la Société des sciences physiques et naturelles de Bordeaux*
*Mémoires présentés par divers savants étrangers et mémoires couronnés par l'Académie de Belgique*
*Procès-verbaux des séances de la société des sciences physiques et naturelles de Bordeaux.*
*Rendiconti della Reale Accademia dei Lincei*
*Revue des Deux-Mondes*
*Revue générale des sciences pures et appliquées*
*Revue de métaphysique et de morale*
*Revue de philosophie*
*Revue des questions scientifiques*
*Revue des sciences philosophiques et théologiques*
*Revue philomatique de Bordeaux*
*Revue scientifique*
*Travaux et mémoires des facultés de Lille*
*Zeitschrift fur physikalische Chemie*

# Ouvrages et études sur Pierre Duhem et autres documents utiles à la compréhension de son œuvre

BOUTARIC A. : *Marcelin Berthelot ;* éditions Payot, 1927.

BROUZENG P. : *L'œuvre scientifique de Pierre Duhem et sa contribution au développement de la thermodynamique des phénomènes irréversibles ;* thèse d'état, Université de Bordeaux, 1981, 2 tomes.

BRUNHES B. : *La dégradation de l'énergie ;* Flammarion, 1909.

BRUNHOLD Ch. : *Histoire abrégée des théories physiques concernant la matière de l'énergie ; Masson, 1952.*

CARNOT S. : *Réflexions sur la puissance motrice du feu* (1824) ; édition critique par R. Fox, Vrin, 1978.

CORNELISSEN C. : *Les hallucinations des Einsteiniens ou les erreurs de méthode chez les Physiciens Mathématiciens ;* Blanchard, 1923.

COSTA DE BEAUREGARD O. : *Le second principe de la science du temps. Entropie, Information, Irréversibilité ;* éditions du Seuil, 1963.
Sur quelques citations tirées de *La Théorie physique, son objet et sa structure* de Pierre Duhem, in *Revue d'Histoire des Sciences,* Paris, 1977.

DARBON A. : L'Histoire des Sciences dans l'œuvre de P. Duhem, in *Mémoires de la société des sciences physiques et naturelles de Bordeaux,* 7e série, Tome 1, cahier n° 22, 1928.

DONDER Th. (de) : *L'affinité ;* Gauthier-Villars, 1927 et 1936.

DUGAS R. : La méthode physique au sens de Duhem devant la Mécanique des quanta, in *Revue Générale des Sciences,* Doin, 1937.

DUHEM H.P. : *Un savant Français : Pierre Duhem ;* Plon, 1936.

GIBBS J. W. : *On the equilibrium of heterogeneous substances ;* 1875, trad. Le Chatelier, *L'équilibre des systèmes chimiques ;* Paris, 1899.

FER F. : *L'irréversibilité, fondement de la stabilité du monde physique ;* Gauthier-Villars, 1977.

GLANSDORFF P. : Évolution de la notion d'ordre et d'organisation en Physique, in *La Pensée,* n° 195, octobre 1977.

GORCE M. : Duhem et le Moyen Age in *Archeïon,* Vol. XIX, 1937.

HADAMARD J. : L'Œuvre de P. Duhem dans son aspect mathématique, in *Mémoires de la société des sciences physiques et naturelles de Bordeaux,* 7e série, tome 1, 2e cahier, 1928.

HESSE G.-A. : *Painlevé, grand savant, grand citoyen ;* éditions R.A. Correa, 1933.

HUMBERT P. : *Pierre Duhem ;* Librairie Bloud et Gay, 1933.

JAKI S.-L. : *Uneasy Genius : the Life and the Work of Pierre Duhem ;* Martinus Nijhoff Publishers, *International Archives of the History of Ideas,* 1984.

LABERENNE P. : *Paul Langevin, la pensée et l'action ;* Éditions Sociales, 1964.

LEBRAU J. : Le souvenir de Pierre Duhem, in *Le jour-écho de Paris,* 16 septembre 1941.

LÉNINE V.I. : *Matérialisme et empiriocriticisme ;* Éditions Sociales, 1973.

MACH E. : *La mécanique ;* trad. Bertrand, Flammarion, 1904.

MACH E. : *La connaissance et l'erreur ;* trad. Dufour, Flammarion, 1908.

MANVILLE O. : La Physique de P. Duhem, in *Mémoires de la Société des sciences physiques et naturelles de Bordeaux,* 7e série, tome 1, 2e cahier, 1928.

MARTIN R.-N.-D. : Pierre Duhem and Neo-Thomism ; *Actes du Congrès international d'histoire des sciences, Edimbourg, 1977.*

METZGER-BRUHL M. : Pierre Duhem, la théorie physique et l'histoire des sciences, in *Archeïon,* vol. XIX, fasc. 2-3, 1937.

MIELI A. : L'Opera di Pierre Duhem come Storico delle Scienze in *Revista di Storica Critica delle Scienze,* Croferrata, 1917.
Souvenirs sur Duhem et une lettre inédite de lui, in *Archeïon ;* vol. XIX, fasc. 2-3, 1937.

MILLER D.G. : Duhem and the Gibbs-Duhem Equation, in *Journal of Physical Education,* vol. 40, décembre 1963.
Ignored Intellect : P. Duhem, in *Physics Today,* vol. XIX, n° 12, décembre 1966.
Duhem Pierre Maurice-Marie, *Dictionary of Scientific Siography ;* Gillipsie Edition, vol. IV, Charles Schribner's sons, New York, 1971.

MUNSTER A. : *Thermodynamique des processus irréversibles ;* PUF, 1966.

OCAGNE M. (d') : *Hommes et choses de science, propos familiers ;* Vuibert, 1936.
L'Œuvre historique de Pierre Duhem, in *Archeïon,* vol. XIX, fasc. 2-3, 1937.

OSTWALD W. : *L'évolution d'une science : la chimie ;* trad. M. Dufour, Flammarion, 1909.
*L'énergie ;* trad. E. Philippi, Félix Alcan, 1910.
*Esquisse d'une philosophie des sciences ;* trad. M. Dorolle, Félix Alcan, 1911.

PACAULT A. et MERLE A.-M. : Au-delà de la thermodynamique des états d'équilibre. Évolution, Stationnarité, Équilibre ; cours dispensés à l'Université de Bordeaux.

PAUL H.W. : *The Second Ralliement ; The Rapprochment Between Church and State in France in the Twentieth Century.* Washington, The Catholic University of America Press, 1967.
*The Sorcerer's Apprentice ; The French Scientist's Image of German Science,* 1840-1919 ; University of Florida Social Sciences, monograph, number 44, Storter Printing Company Gainesville, 1972.

PICARD É. : La vie et l'œvre de Pierre Duhem ; *Discours* à l'Académie des Sciences, 12 décembre 1921.
*La Science moderne et son état actuel ;* Flammarion, 1908.

PRIGOGINE I. : *Introduction à la thermodynamique des processus irréversibles ;* trad. J. Chanu, Dunod, 1967.
*La nouvelle alliance* (en collaboration avec I. Stengers) ; Gallimard, 1979.
*Physique, temps et devenir ;* trad. F. Sullivan, Masson, 1980.

RANC A. : *Pour connaître la pensée de Marcelin Berthelot ;* Bordas, 1948.

SCHWARTZ Y. : L'enseignement de la thermodynamique en France : quelques repères, in *Systèmes symboliques Science et philosophie,* éditions du C.N.R.S., 1978.
*L'unité problématique de la Science et la notion de paradigme. Le cas de Duhem ;* éditions du C.N.R.S., 1984.

SERGESCU P. : Pierre Duhem et le « Système du monde », in *Archeïon,* vol. XIX, 1937.

TRUESDELL C. : Les bases axiomatiques de la thermodynamique, in *Entropie,* n° 63, 64 et 65, 1975. (Conférences données en France en 1973.)

# LISTE DES CRÉDITS PHOTOGRAPHIQUES

**p. 14** Explorer-Archives *(haut)* ; Edimage/Godlner *(milieu)* ; Lauros-Giraudon *(bas)*. □ **p. 17** Belin □ **p. 18** Belin □ **p. 22-23** Edimedia □ **p. 34** Edimage □ **p. 40-41** Belin □ **p. 44** Roger-Viollet □ **p. 48** Harlingue-Viollet □ **p. 52** Harlingue-Viollet □ **p. 53** Belin □ **p. 63** Belin □ **p. 68** E. Cardoze □ **p. 69** Belin □ **p. 74** J.-L. Charmet □ **p. 75** J.-L. Charmet □ **p. 96** Bildarchiv Preussischer Kulturbesitz □ **p. 98** Palais de la Découverte □ **p. 100** Palais de la Découverte □ **p. 103** Palais de la Découverte □ **p. 109** Roger-Viollet □ **p. 115** Lauros-Giraudon □ **p. 116** Roger-Viollet □ **p. 119** Roger-Viollet □ **p. 127** Edimedia *(haut)* J.-L. Charmet *(bas)* □ **p. 136** Belin *(haut)* ; Belin *(bas)* □ **p. 141** Belin

*Aubin Imprimeur*
LIGUGÉ, POITIERS

Achevé d'imprimer en octobre 1987
N° d'édition 5369 / N° d'impression L 25663
Dépôt légal, novembre 1987
Imprimé en France